KB102100

하루 10분 수학 습관

The Joy of Mathematics

하루 10분 수학 습관

테오니 파파스 지음 | 김소연 옮김

· 수포자 방지 프로젝트 ·

살림Friends

『하루 10분 수학 습관』은 수학적으로 사물을 보는 방법과 사고력, 수학을 둘러싼 의문, 수학의 역사와 테마, 그리고 수학적인 게임과 퍼즐을 소개한 책이다. 이 책이 수학이란 어떤 학문이며 우리들 생활에 어떤 영향을 미치고 있는지 알게 해 줄 것이라 믿는다.

우리는 수학이 일상생활에는 아무런 도움도 되지 않는 특수한 학문이라고 생각한다(수학의 재미를 알게 되면 더 이상 그렇게 생각하지 않겠지만). 보통 사람들은 계산이 맞지 않는 가계부나 까다로운 계산 때문에 골치가 아플 때 정도만 수학을 느낀다. 수학의 진정한 모습을 이해하는 사람은 얼마 되지 않지만 수학은 우리 주변의 모든 것, 그리고 우리 생활과 밀접한 관계가 있다. 이 세상에는 수학으로 설명할 수 있는 것이 참 많다. 수학적인 개념은 살아 있는 세포의 구조에서도 찾아볼 수 있으니 말이다.

내가 이 책을 쓴 이유는, 수학과 이 세계와의 끊을래야 끊을 수 없는 관계를 많은 사람에게 알리고 싶었기 때문이다. 수학은 우리 일상 생활의 면면에 얼굴을 드러내고 있다. 지금부터 그에 대해 소개하고자 한다.

수학의 즐거움은 무언가를 처음 발견했을 때의 기쁨과 비슷하다. 어렸을 때의 신선한 놀라움과도 닮았다. 한번 체험해본다면 그 희열은 두 번 다시 잊을 수가 없다. 누구든 처음 현미경을 들여다 볼 때는 가슴이 두근두근할 것이다. 현미경은 항상 내 옆에 있는데 볼 수 없었던 것을 보여준다. 수학도 그런 흥분을 맛보게 해준다.

처음에는 『하루 10분 수학 습관』을 수학과 자연, 수학과 과학, 수학과 미술 같은 방식으로 나눠볼까도 생각했다. 하지만 수학과 이 세상과의 관계는 딱 잘라 구분할 수 있는 것이 아니라고 생각했다. 수학은 아주 자연스럽게 그곳에 존재하거나 예상치 못한 곳에서 얼굴을 내밀면서 우리를 놀라게 한다. 그런 연유로 발견의 참된 묘미를 훼손하지 않도록 다양한 테마를 무작위로 나열하기로 했다. 『하루 10분 수학 습관』은 아무 곳에서나 읽을 수 있다. 길고 짧은 차이는 있지만 개개의 항목은 모두 본질적으로 독립적이기 때문이다.

수학이 주는 순수한 기쁨을 한 번 체험해 보면, 점점 그 참된 재미에 빠져들 것이다. 그리고 더 많이 배우고 싶다는 욕망을 주체하지 못할 것이다.

테오니 파파스

……우주는 항상 우리들 눈 앞에 펼쳐져 있지만 그것을 이해하기 위해서는 우선, 우주가 쓰여 있는 언어를 알고, 문자를 해독할 줄 알아야 한다. 우주는 수학이라는 언어로 쓰여 있다. 그리고 그 문자는 삼각형이기도 하고, 원이기도 하며, 그 밖의 기하학적 도형이기도 하다. 이것들이 없었다면 우리는 우주의 언어를 전혀 이해할 수 없었을 것이다. 이것들이 없었다면 우리는 어두운 미로를 끝없이 헤매고 있었을 것이다.

— 갈릴레오 갈릴레이

차례 —————————————————

10진법의 진화

옛날에는 숫자를 셀 때, 자리 값을 이용해 세는 방법을 몰랐다. 그러나 기원전 1700년경, 60을 기수로 하여 자리값을 계산하는 방법이 발전하기 시작했다. 이 방법은 메소포타미아 지방에서 시작되었는데 그곳에서는 1년이 360일인 달력을 사용했기 때문에 60진법은 그 달력에 맞춰 사용하기에 아주 편리했다. 현재 알려진 가장 오래된 자리값 계산법은 바빌로니아 사람이 고안한 것인데 이것 역시 원래는 수메르인들이 사용하던 60진법에서 발전된 것이다. 바빌로니아 사람들은 0에서 59까지의 숫자를 각각의 60개의 기호로 표현하지 않고 두 개의 기호, 1을 나타내는 Ÿ과 10을 나타내는 ◀만으로 표현했다.

인도(브라미 문자) — 기원전 300년경

인도(괄리오르 문자) — 기원후 876년

인도(데바나가리 문자) — 11세기

서아라비아(고바르 숫자) — 11세기

동아라비아 — 1575년

유럽 — 15세기

유럽 — 16세기

컴퓨터 숫자 — 20세기

이 표기법으로도 고도의 수학적 연산이 가능했는데 단지, 0을 나타내는 기호는 발명되지 못했다. 0을 나타낼 때는 그 부분을 공백 상태로 남겨 두었다. 기원전 300년 경, **✔** 혹은 **✦** 라는 0을 의미하는 기호가 생기면서 60진법은 비약적으로 발전했다. 기원전에서 기원후로 넘어가는 시점에 그리스와 인도에서는 10진법이 사용되기 시작했는데 당시에는 아직, 자리값 기수법[1]은 알려지지 않았고, 각각 알파벳의 첫 10 문

---

1) 자리값 기수법이란, 숫자의 위치에 따라 그 숫자를 나타내는 값이 변하는 기수법을 말한다. 예를 들어 10진법을 사용해 375라고 쓰면, 3이라는 숫자는 단지 3을 의미하는 것이 아니라 100의 자리에 있으므로 300을 의미한다는 뜻이 된다.

자를 사용하여 수를 표기했다. 그리고 500년경, 인도에서 10진법에 기초한 자리값 기수법이 발명되었다. 9보다 큰 수를 나타내는 문자는 사용하지 않게 되었으며 처음 9개의 기호가 표준화되었다. 825년경에는 아랍의 수학자인 알콰리즈미(Al—Khowavizmi)가 자신의 저서를 통해, 이 인도의 기수법을 극찬한 바 있다. 10진법이 스페인에 전해진 것은 11세기경으로 당시 발명된 것이 고바르 숫자(Ghobar numerals)다. 유럽은 보수적인 탓에 변화를 싫어했고 분수를 표기할 수 있는 방법이 없었기 때문에 문인이나 과학자들은 10진법을 사용하는 것을 그다지 달가워하지 않았다. 그럼에도 불구하고 10진법이 확산된 것은 매매나 부기 등에 편리하다는 이유로 상인들이 사용하기 시작했기 때문이다. 그 후, 16세기에는 10진법으로 분수를 표기할 수 있는 방법도 발명되었고 1617년에는 존 네이피어(John Napier)가 소수점을 도입했다.

이렇게 발전을 거듭해 온 10진법이지만, 사회적 요구나 계산 방법이 변하면 언젠가 새로운 표기법이 탄생하면서 10진법이 쇠퇴하는 날이 올지도 모른다.

피타고라스의
정리

대수학이나 기하학을 공부
한 적이 있다면 "피타고라스의 정
리"를 모르는 사람은 없을 것이
다. 이 유명한 정리는 대부분의 수
학 분야에서 사용되고 있을 뿐만 아니라, 건설이나 설계, 측량
과 같은 분야에서도 사용되고 있다. 고대 이집트인들은 이 정
리의 지식을 이용하여 네 귀퉁이가 직각인 건조물을 만들었
다. 3개의 밧줄에 각각 3 : 4 : 5의 비율로 매듭을 만들고 그 3
개의 밧줄로 정삼각형을 만들었다. 이집트인들은 이 삼각형은
반드시, 가장 긴 변의 대각이 직각이 된다는
것을 알고 있었다($3^2+4^2=5^2$).

$$a^2+b^2=c^2$$

피타고라스의 정리 :

직각삼각형에서 그 직각에 대응하
는 빗변의 제곱은, 직각을 만드는 두 변
의 제곱의 합과 같다.

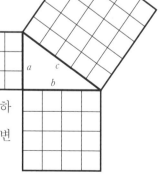

그리고 반대의 경우도 성립한다.

어떤 삼각형의 두 변의 제곱의 합이 제 3의 변의 제곱과 같다면 그 삼각형은 직각삼각형인 것이다.

그리스의 수학자인 피타고라스(기원전 540년경)의 이름이 붙어 있기는 하지만 피타고라스보다 1000년 이상이나 먼저 함무라비왕조 시대의 바빌로니아에서도 이미 이 정리는 유명했던 것 같다. 피타고라스의 이름이 붙은 것은 최초로 이 정리를 문자화하여 남긴 사람이 피타고라스 학파였기 때문일 것이다. 피타고라스의 정리가 유명했다는 흔적은 어느 대륙, 어느 문자와 어느 세기에서도 찾아볼 수 있다. 이 정도로 다양한 형태로 그 흔적이 남아있는 정리는 아마 없을 것이다.

화상 처리 분야에서도 역시 컴퓨터를 어떻게 이용할 것인가를 연구하고 있다. 아래에 예로 든 착시도는 컴퓨터가 그린 "시뮬레이터 계단"이다. 이는 진동형이라는 카테고리로 분류되는 착시도다. 사람의 뇌는 과거의 경험이나 암시에 의해 영향을 받는다. 뇌는 우선 대상을 어떤 한 방법으로 보기 시작하지만 일정 시간이 지나면 그 시점이 변하게 된다. 그 시간의 길고 짧음은 그 사람의 주의력 – 즉, 얼마만큼의 시간 동안 질리지 않고 처음에 주목한 방법으로 바라볼 수 있느냐에 의해 결정된다. 이 시뮬레이터 착시도의 경우는 계단의 상하가 뒤집혀 보일 것이다.

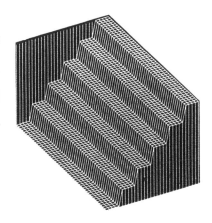

**사이클로이드-
기하학의 헬렌**

수학은 여러 가지 재미있는 곡선을 만들어냈는데, 사이클로이드(Cycloid)도 그 중 하나다. 사이클로이드란, "원이 직선 위를 미끄러지지 않고 회전할 때, 그 원의 원주상의 한 점이 그리는 곡선"이라 정의되어 있다.

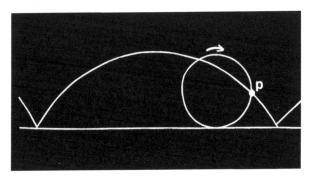

사이클로이드라는 이름이 등장하는 최초의 책 중 하나는 1501년에 출판된 찰스 보벨리(Charles Bouvelles)의 책이다. 그러나 많은 뛰어난 수학자들(갈릴레오, 파스칼, 토리첼리, 데카르트, 페르마, 월리스, 호이겐스, 요한 베르누이, 라이프니츠, 뉴턴)이 그 성질에 대해 열심히 연구하기 시작한 것은 17세기에 들어서면서부터다.

17세기는 수학에 관심이 집중된 시대였기 때문에 사이클로이드가 뜨거운 관심의 대상이 된 것인지도 모르겠다. 그 시대에는 수많은 발견이 있었는데 그와 동시에 누가 무엇을 처음 발견했는가 하는 논쟁과, 표절을 둘러싼 비난, 상대의 공적을 깎아 내리는 일조차 빈번히 발생했다. 그 결과, 사이클로이드에는 "분쟁의 씨앗"이라든가 "기하학의 헬렌"이라는 꼬리표가 붙게 되었다. 17세기에 발견된 사이클로이드의 성질에는 다음과 같은 것들이 있다.

(1) 사이클로이드의 길이는 회전하는 원의 지름의 4배가 된다. 더욱 흥미로운 것은 이 길이가 π와는 관계없는 유리수라는 점이다.

(2) 사이클로이드가 그리는 아치 아래의 넓이는 회전하는 원 넓이의 3배가 된다.

(3) 사이클로이드가 그리는 한 점의 이동속도는 변한다. 점 P_5(다음 장 그림)에서는 0이 되기도 한다.

(4) 사이클로이드를 거꾸로 한 형태의 용기를 만들고 그 벽에 유리구슬을 놓으면 위치와는 상관없이 바닥에 닿기까지 걸리는 시간은 같다.

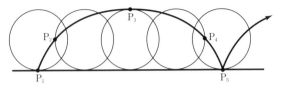

각 원은, 원이 $\frac{1}{4}$ 회전한 상태를 나타내고 있다. 이 그림에서 알 수 있듯이, P_1에서 P_2까지의 거리는, P_2에서 P_3까지의 거리보다 훨씬 짧다. 따라서 P_2에서 P_3로 이동할 때 점 P의 이동속도는 더 빨라지게 된다(같은 시간에 더 멀리 가므로). 또한, 점 P의 이동 방향이 바뀌는 지점에서의 이동 속도는 0이 된다.

사이클로이드에는 많은 기묘한 패러독스가 있다. 특히 재미있는 것은 '열차의 패러독스'다.

열차가 움직일 때, 이 열차의 모든 부분이 열차의 진행 방향을 향해 움직이고 있는 것은 아니다. 모든 순간이 다 그렇다. 열차의 일부는 항상 진행 방향과는 반대 방향으로 움직이고 있다.

이 패러독스는 사이클로이드를 이용하여 설명할 수 있다. 다음 그림은 '긴 사이클로이드'라고 불리는 곡선을 보여주는데, 회전하는 차바퀴의 바깥쪽에 놓인 한 점이 그리는 곡선이다. 이 그림을 보면 차바퀴의 일부가 열차의 진행방향과는 반대 방향으로 움직이고 있다는 사실을 알 수 있다.

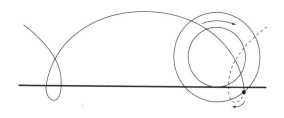

**삼각형에서
정사각형으로**

다각형은 모두 유한수의 부분으로 잘라 다시 구성함으로써 넓이가 같은 임의의 다각형으로 변형시킬 수 있다. 이를 최초로 증명한 것은 독일의 수학자 힐베르트(David Hilbert, 1862~1943)였다.

이 정리를 증명하기 위해 만들어진 듯한 퍼즐이 있다. 유명한 영국의 퍼즐 제작자 헨리 어니스트 듀드니(Henry Ernest Dudeney, 1847~1930)가 만든 것으로 정삼각형을 4개로 잘라 정사각형으로 변형시키는 퍼즐이다.

여기에 있는 그림이 그 4조각이다. 이 조각들을 조합해보자. 우선 원래의 정삼각형을 만들고, 그 다음 정사각형으로 만들어보자.

☞「삼각형에서 정사각형으로」의 답은「해답」참조

핼리혜성

천체의 궤도나 운동은 등식이나 그림을 사용하여 쉽게 천문학적으로 표현할 수 있다. 그림을 그려보면 천체의 출현 주기를 알 수도 있다. 핼리혜성도 이런 경우였음에 틀림없다.

바이외 태피스트리에 그려진 핼리혜성

16세기까지 혜성은 설명할 수 없는 천문 현상이었다. 아리스토텔레스를 비롯한 그리스의 철학자들은 혜성이 지구 대기 중에 생기는 환영이라고 생각했다. 1577년, 이 설을 뒤집은

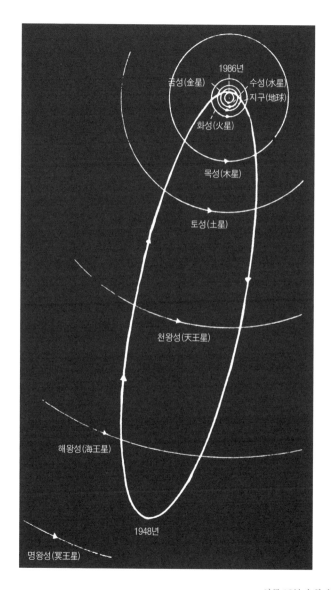

것이 유명한 덴마크의 천문학자 티코 브라헤(Tycho de Brache)
이다. 덴마크의 벤 섬에 세워진 천문대 덕에 그는 1577년에 출
현한 혜성을 정확히 관측할 수 있었다. 관측 결과, 혜성으로부
터 지구까지의 거리는 지구와 달 사이의 거리보다 적어도 6배
이상 떨어져 있어야 한다는 것이 증명되었다. 이로써 혜성이
지구 대기 중에 생기는 환영이라는 설이 뒤집힌 것이다. 그러
나 사람들은 이 발견 후 100년 이상이 지나도, 혜성은 코페르
니쿠스 및 케플러가 확립한 태양계의 법칙을 따르지 않는다고
믿었다. 요하네스 케플러조차 혜성은 직선 운동을 한다고 믿
었을 정도다. 그런데 그 때 등장한 것이 에드먼드 핼리(Edmund
Halley)다. 1704년, 핼리는 관측 데이터가 존재하는 다양한 혜
성의 궤도를 연구했다. 기록이 가장 잘 남아있던 것이 1682년
의 혜성이었는데, 그 궤도는 1607년, 1531년, 1456년의 혜성
과 같은 영역을 지나고 있었다. 이 사실을 근거로 핼리는 이
혜성들은 같은 혜성이며 태양 주위를 75년에서 76년의 주기
로 타원 궤도를 그리며 돌고 있다는 결론을 내렸다. 그는 이
결론을 바탕으로 이 혜성은 1758년에 다시 출현할 것이라 예
언했는데, 그 예언이 절묘하게 적중했기 때문에 그 혜성에는
"핼리혜성"이라는 이름이 붙여진 것이다. 최근의 연구에 따르

면 기원전 240년에 중국의 한 문헌에 기록된 혜성도 이 핼리 혜성이 아니었을까 추측되기도 한다.

각 혜성들이 출현할 때마다 혜성의 꼬리가 옅어지는 광경은 1985~1986년에 나타났던 혜성에서 찾아 볼 수 있다.

혜성은 원래 얼음으로 된 소혹성이었다고 한다. 이들 소혹성은 태양으로부터 1~2광년 떨어져 있으며 태양을 구형으로 감싸듯 분포하고 있다. 얼음과 금속과 규소 입자로 되어 있으나 태양계에서 너무 멀리 떨어져 있기 때문에 꽁꽁 얼어 있다. 그리고 매분마다 5킬로미터의 속도로 태양을 중심으로 공전하고 있다. 즉, 태양의 주위를 한 바퀴 도는데 3000만년이 걸린다는 얘기다. 때로는 근처를 지나가던 천체의 중력에 간섭을 받아 공전 속도가 느려지는 경우가 있는데, 그렇게 되면 소혹성은 태양을 향해 떨어지기 시작하므로 원궤도가 타원궤도로 변형된다. 태양의 주위를 타원형 궤도로 돌기 시작하면 태양에 접근했을 때는 얼음 일부가 증발되어 버린다. 이것이 혜성의 꼬리이며 태양풍에 의해 날리기 때문에 항상 태양과는 반대방향으로 흔적을 남긴다. 혜성의 꼬리는 수증기와 미립자로 되어 있으며 태양의 빛을 반사하기 때문에 빛나 보인다. 목성이나 토성의 중력의 영향이 없었다면 혜성은 언제까지고 타원궤도를 그리며 태양 주위를 돌 것이다. 그러나 실제로는 혜성이 한 바퀴 돌 때마다 태양에 가까워지면서 점점 얼음이 녹아 꼬리가 길어진다. 혜성은 이 꼬리 덕분에 실제보다 훨씬 더 커 보인다(일반적인 혜성의 지름은 대략 10킬로미터). 꼬리 중에는 원래 혜성의 얼음층에 묻혀 있던 운석도 섞여 있다. 운석은 혜성의 흔적이며 혜성이 붕괴하여 사라진 뒤까지도 남는데, 그 궤도가 지구의 궤도와 만날 때 운석의 비를 뿌리는 것이다.

불가능한 삼각형

처음에는 이상하게 생각되던 디자인이나 그림도, 자주 보다 보면 결국은 아무도 놀라지 않게 된다. 「영국심리학회보British Journal of Psychology」1958년 2월호에 로저 펜로즈(Roger Penrose)가 발표한 "불가능한 삼각형"이 그 좋은 예다. 그는 이를 3차원의 직각도형이라고 불렀다. 3개의 직각은 모두 정상적으로 그려져 있는 것 같은데, 이는 공간적으로 불가능한 입체다. 3개의 직각으로 삼각

형을 만든 것처럼 보이지만 삼각형은 평면도형이고(입체가 아님), 세 각의 합은 180°이지 270°가 아니다.

트위스터

펜로즈는 트위스터 이론 탄생의 아버지이기도 하다. 트위스터는 눈에는

보이지 않지만 펜로즈는 공간과 시간은 트위스터의 상호 작용에 의해 꼬여 있다고 생각했다.

다음 그림은 '하이저(Hyzer)의 착시도'이다. 이 그림 역시 수학적으로는 불가능한 그림인데, 어디가 불가능한지 찾아보자.

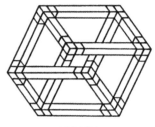

하이저의 착시도

결승 문자 (quipu)

잉카제국은 쿠스코를 중심으로 한 대부분의 페루를 포함하여 에콰도르와 칠레 일부까지도 포함하고 있었다. 잉카는 숫자 표기법도 문자도 없었지만 길이가 3000킬로미터나 되는 광대한 제국을 키푸를 사용하여 절묘하게 잘 운영하였다. 키푸란 매듭이 있는 끈을 의미하는데 당시 사용된 것은 10진법에 기초한 것이었다. 중심이 되는 굵은 끈에서 가장 멀리 있는 열의 매듭은 1의 자리, 다음으로 먼 열은 10의 자리와 같은 식으로 수치를 표현한 것이다. 매듭이 없는 끈이 있다면 그건 0을 의미했다. 매듭의 크기와 색을 조합하여 수확량이나 인구 등 다양한 정보를 기록할 수 있었다. 예를 들어 노란색 끈은 황금과 옥수수를 나타낸다거나 인구에 관한 키푸에서는 첫 번째 끈은 남자, 그 다음은 여자, 세 번째는 아이를 나타내는 식으로 말이다. 창, 화살, 활과 같은 무기의 수도 같은 방법으로 기록되었다.

이 그림은 페루의 키푸를 그린 것으로 페루의 인디오, D. 페리페 포마 드 아얄라가 1583년부터 1613년 사이에 그린 것이다. 왼쪽 하단의 그림은 옥수수 알갱이를 사용한 주판식 계산기다. 계산은 이 계산기로 하고 계산 결과를 키푸에 기록했다.

잉카제국 전역 어느 곳이든 회계는 키푸 서기라고 불리는 신분의 사람에게 맡겨졌으며 그들은 그 기술을 대대손손 전했다. 모든 행정 단위에 그런 일을 하는 서기가 있어 각 전문 분야를 담당했다.

문자가 없었기 때문에 키푸는 역사를 기록하는 수단으로도 사용되었다. 이런 역사 키푸는 현자에 의해 기록되었으며 다음 세대로 계승되었다. 키푸를 기억의 매개체로 삼아 대대손손 역사를 전해 온 것이다.

이리하여 이 키푸라는 원시적인 계산기는 그 "메모리 뱅크"에 정보를 "연결" 함으로써 말 그대로 잉카 제국을 하나로 묶었다.

잉카 제국에서는 에콰도르에서 칠레까지 5500킬로미터 이상이나 되는 "잉카의 길"이 뻗어 있었다. 광대한 제국 내에서 일어나는 모든 일은, 이 잉카의 길을 달리는 차스키(chasquis)라 불리는 전문 파발꾼에 의해 전달되었다.

차스키 한 사람이 담당하는 거리는 대략 3킬로미터 정도였고, 그들은 자신이 담당하는 길은 구석구석 파악하고 있었기에 밤낮없이 전속력으로 달리며 정보를 전달할 수 있었다. 차스키의 이어달리기 덕분에 목적지까지 전달된 정보를 통해 잉카제국의 황제는 차스키 제도와 키푸를 이용해 인구 변화, 설비와 작황, 재물 상황, 반란의 가능성과 같은 중요한 정보를 끊임없이 파악할 수 있었다. 정보는 하루 24시간 중계되었기 때문에 아주 정확했고 또한 대부분이 최신 정보였다.

서체와 폰트,
그리고 수학

기하학적 원리가 응용되는
분야로는 건축, 공학, 실내 장식,
인쇄 등을 들 수 있다. 알브레히트
뒤러(Albrecht Dürer, 1471~1528)는
기하학적 지식과 예술적 재능을 살려 수많은 회화형식과 회화
기술을 만들어냈는데 그 중 하나가 로마자 글자체를 정식화한
것이다. 건축물이나 비석에 새기는 커다란 문자를 정확하고

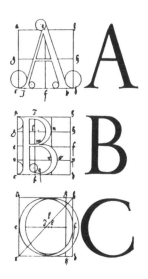

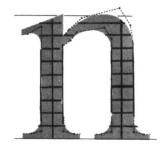

균형에 맞게 쓰기 위해서는 정식화할 필요가 있었던 것이다. 앞의 그림은 뒤러가 그린 것인데 로마자 글자체를 쓰기 위해 기하학적 수법을 응용했음을 알 수 있다.

또한 오늘날에는 컴퓨터 과학 분야에서 수학을 이용하여 고품질의 폰트나 도형을 만들어내는 소프트웨어가 설계되고 있다. 유명한 예가 포스트스크립트라는 프로그래밍 언어인데 이는 어도비시스템즈사(캘리포니아주 팰러 앨토)가 레이저 프린터에 탑재해 사용하기 위해 개발하였다.

밀과 체스판

체스판에 밀알을 얹어보자. 첫 번째 칸에는 1알, 두 번째 칸에는 2알, 세 번째 칸에는 4알, 네 번째 칸에는 8알과 같은 식으로 한 칸마다 놓는 밀알의 수를 배수로 해나간다면, 밀알은 전부 몇 개 필요할까?

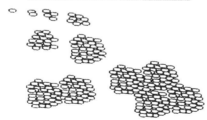

☞「밀과 체스판」의 답은「해답」참조

확률과 π

수학자나 과학자들은 예로부터 π에 연연해 왔는데 최근 들어 π는 많은 새로운 팬들을 확보하고 있다. 악마와 같은 컴퓨터가 π에 의해 응징을 당하는 「스타트렉」 에피소드가 방영된 덕분이다. π에는 많은 얼굴이 있다. 원의 지름에 대한 원주의 비율임과 동시에 초월수(정수계수의 대수방정식의 근이 되지 않는 수)이기도 하다.

3.141592653589793238462643
3832795028841971693993751
105820974944592307816406
286208998628034825342117
067982148086513282306647
093844609550582231725359
408128481117450284102 7 ...

수천 년 전부터 사람들은 π를 계산하여 보다 작은 소수 단위까지 구하려고 했다. 예를 들어 아르키메데스는 내접

다각형의 변의 수를 증가시킴으로써 π는 $3\frac{1}{7}$에서 $3\frac{10}{71}$ 사이라고 어림잡았다. 성서의 열왕기와 역대기에는, π는 3이라 기록되어 있다. 이집트의 수학자가 구한 근사값은 3.16이었다. 그리고 기원후 150년에 프톨레마이오스가 산출한 값은 3.1416이다.

이론적으로는 아르키메데스의 계산법은 무한 반복이 가능하다. 그러나 미적법이 발명된 이후에는 그가 발명한 방법은 쇠퇴하고 수렴하는 무한급수, 무한적(積), 무한연분수가 사용되기 시작했다. 예를 들면 이런 식으로 말이다.

$$\pi = 4/(1+1^2/(2+3^2/(2+5^2/(2+7^2/(\cdots))))).$$

π를 계산하는 방법은 여러 가지가 있는데 18세기 프랑스의 박물학자인 뷔퐁 백작(Count Buffon)이 고안한 "바늘 문제"도 그 중 하나다. 평면 위에 일정폭(가령 d라 하자)을 두고 여러 개의 평행선을 긋는다. 그리고 길이가 d보다 짧은 바늘을 그 평면 위에 떨어뜨린다. 그 바늘이 평행선 중 한 선에 걸리면 성공

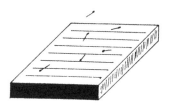

하는 것이다. 그런데 뷔퐁은 여기서 놀라운 사실을 발견했다.

실패 횟수 대비 성공 횟수의 비를 구하니 거기에 π의 얼굴이 있는 게 아닌가. 바늘의 길이가 d와 같다면 성공 확률은 $\dfrac{2}{\pi}$가 된다. 던지는 횟수가 많아지면 많아질수록 그 결과는 π의 어림수에 가까워졌다. 1901년, 이탈리아의 수학자 라제르니 (M. Lazzerini)는 3408번 던져 π값을 3.1415929라고 계산했다. 소수점 6자리까지는 맞는다. 그런데 유타주 오그덴의 웨버대학에 있던 리 배저(Lee Badger)는 라제르니가 정말로 이 실험을 했다고는 생각할 수 없다고 말하고 있다.[1]

확률적으로 π를 구하는 또 다른 방법이 있다. 1904년에 샤르트르(R. Chartres)가 발견한 방법인데, 2개의 수(무작위로 고른 수)가 서로 소일 확률이 $\dfrac{6}{\pi^2}$인 것이다.

π가 자유자재로 변하는 모습은 그저 놀라울 따름이다. 기하학과 미분적분에서 확률까지, 많은 분야를 횡단하며 얼굴을 내밀고 있으니 말이다.

---

[1] *False calculation of π by experiment*, by John Maddox. NATURE magazine, August 1, 1994 vol. 370, p. 323 참조

지진과 로그

사람은 자연현상을 수학적으로 기술해야 직성이 풀리는 것 같다. 이는 아마 자연을 어느 정도 (아마 예지에 의해) 조절하는 방법을 발견하고 싶은 욕망이 있기 때문인 것 같다. 이런 현상은 지진

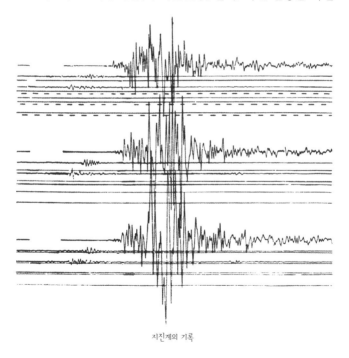

지진계의 기록

에 대해서도 마찬가지라 할 수 있다. 지진과 로그는 별로 관계가 없는 것처럼 생각할 수도 있겠지만 사실은 그렇지 않다. 지진의 크기를 측정하기 위해서는 로그가 필요하기 때문이다. 1935년에 미국의 지진학자 찰스 F. 리히터(Charles F. Richter)가 고안한 리히터 스케일은 지진의 규모를 진앙에서 방출된 에너지의 양으로 나타낸다. 리히터 스케일에서는 로그가 사용되고 있기 때문에 진도 5인 지진은 진도 4인 지진보다 30배의 에너지를 방출하고 있는 셈이다. 마찬가지로 진도 8인 지진은 진도 5인 지진의 약 30^3, 즉 2만 7천 배나 큰 에너지를 방출하고 있다고 할 수 있다.

리히터 스케일은 0에서 9까지의 10단계로 되어 있는데 이론적으로 상한은 없다. 진도가 4.5를 넘으면 다소 피해가 발생할 가능성이 있다. 진도 7을 넘으면 대지진이라고 한다. 예를 들어 1964년의 알래스카 대지진은 리히터 규모 8.4, 1906년 샌프란시스코 대지진은 7.8이었다.

오늘날에는 전문적으로 지진연구를 하기 위해서는 지진학이라는 지구물리학의 한 분야를 공부한다. 이 분야에서는 지진을 정량화하기 위해, 또한 측량하기 위해, 매일같이 섬세하고 치밀한 계기와 방법이 연구, 고안되고 있다. 그 중에서도 가장 일찌감치 발명되었고, 또한 아직까지 사용되고 있는 것이 지진계. 이 기계는 지진 등으로 인한 대지의 흔들림을 자동으로 검출 측정하여, 그림으로 기록하는 장치다.

현존하는 가장 오래된 지진계를 그린 그림. 기원후 2세기에 중국에서 만들어진 것으로 지름 180센티 정도의 청동 술항아리로 만들었다. 항아리 주변에 8마리의 용이 입에 청동 여의주를 물고 있다. 지진이 발생하면 한 마리의 용의 입에서 여의주가 떨어져 밑에 있는 개구리의 입으로 들어간다. 일단 떨어지면 그 상태로 고정되기 때문에 지진이 어느 방향에서 발생했는지 알 수 있는 구조로 되어 있다.

연방의회 의사당의 포물면 반사 천정

최첨단에 익숙한 현대인의 귀에는 오히려 솔깃한 얘기일지 모르겠다. 19세기에 지어진 미연방의회 의사당에는 우연하게도 처음부터 비전자적인 도청시스템이 장착되어 있었다. 이 의사

미연방의회 의사당 '내셔널 스태추어리 홀 (National Statuary Hall)'의 천정. 오늘날의 모습

48

당은 1792년, 닥터 윌리엄 손턴(William Thornton)이 설계했는데 1814년에 영국군의 침공으로 소실되었기 때문에 1819년에 재건되었다.

광대한 돔 천정이 있는 홀의 남쪽에 '내셔널 스태추어리 홀(National Statuary Hall)'이 있다. '내셔널 스태추어리 홀'이라는 이름이 지어진 것은 1864년에 모든 주에 의뢰하여 그 주의 저명한 시민의 상을 2개씩 기증받았기 때문이다. 1857년에 지금의 하원관이 완성되기 전까지 하원은 이곳에서 열렸다. 그런데 제6대 미합중국 대통령인 존 퀸시 애덤스는 하원의원 시절에 이 홀에서 이상한 음향 현상을 발견했다. 실내의 어느 한 지점에 있었는데 홀 반대쪽에 있는 사람의 목소리가 또렷하게 들리는 것이 아닌가. 중간 지점에 있는 사람들에게는 아무 말도 들리지 않았고 또한 그 사람들 목소리 때문에 반대쪽에 있는 사람들 목소리가 안 들리는 것도 아니었다. 당시 애덤스의 좌석은 포물면 반사 천정 초점 중 하나의 초점 아래에 위치하고 있었다. 때문에 반대쪽 초점 가까이서 다른 하원 의원이 하는 얘기를 들을 수 있었던 것이다.

포물면 반사기의 원리는 다음과 같다.

음파는 포물면 반사기(이 경우는 돔형 천정)에 닿았
다가 반사되어 평행선을 그리며 반대쪽 포물면 반사
기에 닿고, 거기서 다시 반사되어 출발한 쪽의 초점에
모이는 원리인데, 한쪽의 초점에서 출발한 음향은 반
드시 또 다른 한쪽의 초점에 도달하게 되어 있다.

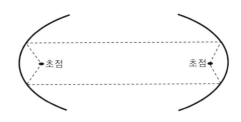

캘리포니아주 샌프란시스코에 있는 과학박물관 '익스플로
라토리움(The Exploratorium)'에는 포물면 반사기가 있어 누구
라도 실험해 볼 수 있다. 넓은 방 양쪽에 포물면이 설치되어
있고 그 초점이 표시되어 있다. 두 사람이 각각 초점에 서서
얘기를 나누면 아무리 사람이 많더라도, 그리고 방이 아무리
시끄럽더라도 조금도 방해 받지 않고 상대가 하는 얘기를 들
을 수 있는 것이다.

전자계산기와 사람이 대화를 할 때는 컴퓨터 언어를 사용한다. 그 다음 이 컴퓨터 언어는 어떤 기수체계로 변환되고 그에 의

컴퓨터와 숫자 세는 방법과 전기

해 전기적 충동이 발생해 컴퓨터를 움직이게 한다. 10진법은 종이와 연필을 사용해 계산하기에는 상당히 편리한 시스템이지만 전자계산기는 그와는 다른 기수체계가 필요하다. 기억장치가 10진법에 의해 작동된다면 10진법을 구성하는 10개의 수(0, 1, 2, 3, 4, 5, 6, 7, 8, 9)를 나타내기 위해 10가지 경우의 상태를 취해야 한다. 기계적인 시스템이라면 가능하겠지만 전기적인 시스템에서는 어렵다. 이에 반해 2진법은 전자계산기에는 아주 이상적인 시스템이다. 2진법이라면 사용되는 숫자는 2개 뿐, 즉 0과 1뿐이다. 그렇다면 전기로 쉽게 표현할 수 있다. 방법은 3가지가 있다.

(1) 전류의 on, off를 변환

(2) 코일의 자기화 방향을 변환

⑶ 계전기에 전압을 가하거나 가하지 않는다.

이 3가지 방법 모두, 0이면 어떤 상태, 1이면 또 다른 어떤 상태를 취하도록 설계하면 된다.

컴퓨터는 사람과는 다른 방법으로 수를 센다. 사람은 1, 2, 3, 4, 5, 6, 7, 8, 9, 10, 11, 12⋯와 같은 식으로 세지만, 컴퓨터는 1, 10, 11, 100, 101, 110, 111⋯처럼 센다.

이는 컴퓨터가 전기로 움직이기 때문이다. 컴퓨터는 전기적 신호를 변환하여 사람도 이해할 수 있는 기호를 모니터에 표시한다. 전기가 컴퓨터의 복잡한 회로를 흐를 때 컴퓨터는 어떤 회로를 on 혹은 off 상태로 만든다. 전기는 on 혹은 off 둘 중에 하나의 상태일 수 밖에 없다. 컴퓨터가 0과 1이라는 2개의 숫자만 사용하여 2진법으로 작동하는 것은 이 때문이다.

10진법과 2진법

수를 쓸 때, 사람은 0, 1, 2, 3, 4, 5, 6, 7, 8, 9라는 숫자를 사용한다. 어떤 수를 나타내든 이 10개의 숫자만을 사용하기 때문에 이를 10진법이라 한다. 그 숫자가 그 수치의 어느 자리에 위치하느냐에 따라 그 수에 10의 몇 승을 곱하면 되는지를 알 수 있다. 어떤 수를 표현할 때, 각각의 숫자가 실제로 어떤 값을 나타내고 있는지는 그 숫자가 어느 행에 있는지에 따라 결정된다. 예를 들어

5374는 5＋3＋7＋4라는 의미가 아니라

$5 \times 1000 + 3 \times 100 + 7 \times 10 + 4 \times 1$이라는 뜻이다.

수치의 각행은 10의 누승을 나타낸다.

천＝$1000 = 10 \times 10 \times 10 = 10^3$

백＝$100 = 10 \times 10 = 10^2$

십＝$10 = 10^1$

일＝$1 = 10^0$

컴퓨터는 0과 1이라는 두 개의 숫자만 사용하여 숫자를 나타낸다. 이 방법을 2진법이라 하는 이유는 이 2개의 숫자만을 사용해 수치를 표현하고, 또한 각 행은 2의 누승이기 때문이다. 1번 아래의 행은 1의 자리, 다음은 2의 자리, 그 다음은 2×2로 4의 자리, 다음은 $2 \times 2 \times 2$로 8의 자리인 셈이다.

$2 \times 2 \times 2 = 8$의 자리 $\rightarrow$ 2^3

$2 \times 2 = 4$의 자리 $\rightarrow$ 2^2

2의 자리 $\rightarrow$ 2^1

1의 자리 $\rightarrow$ 2^0

그러므로 이진법으로 쓰여진 1101이라는 숫자는 10진법으로 말하면 $1 \times 8 + 1 \times 4 + 0 \times 2 + 1 \times 1$으로, 곧 13이 되는 것이다.

토포(topo)라는 게임은 상황에 따라 다양한 전략을 세워야 한다. 플레이어는 몇 명이라도 상관없지만 익숙해지기까지는 둘이서 하는 편이 더 나을 것이다. 게임은 세 부분으로 나뉘어 있다.

- 진지를 그린다
- 진지의 일부 혹은 전부에 수를 할당한다
- 진지를 뺏는다

(1) 플레이어는 순서대로 진지를 그려간다. 이 때, 먼저 그린 진지에 접하도록 그려야 한다. 한 명의 플레이어가 각각 10개씩 진지를 그린다(그림 A 참조).

(2) 각 플레이어가 각각 다른 색의 펜을 사용해 순서대로 진지를 한 개씩 골라 그 펜으로 좋아하는 숫자를 써 넣는다. 각 플레이어가 써 넣은 숫자의 합계는 각각 반드시 100이 되어야 한다. 어떤 진지에 처음에 100을 할당했다면 그

플레이어의 진지는 한 개밖에 없는 게 된다.

(3) 게임의 목적: 가장 많은 진지를 빼앗은 플레이어의 승리.

※ **주의** — 빼앗은 진지에 쓰여진 수의 크고 작음은 승패와는

　　　관계없다.

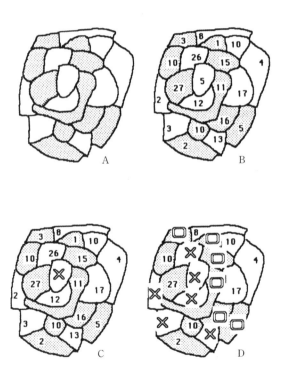

진지를 빼앗는 방법: 다른 플레이어의 진지가 자신의 진지와 붙어 있을 때 그 붙어 있는 진지의 수의 합계가 자신의 진지의 수보다 많으면 그 자신의 진지를 "빼앗을 수 있다".

일단 "빼앗은" 진지는 다음 게임에서는 제외한다. 빼앗은 플레이어의 마크를 붙여 표시해둔다.

빼앗을 수 있는 진지를 차례차례 빼앗아가면서, 빼앗을 수 있는 진지가 하나도 남지 않게 되면 게임 종료.

토포를 변형시킨 재미있는 게임도 몇 가지 있다. 익숙해지면 익숙해질수록 진지를 그리는 법, 수를 할당하는 법, 진지를 빼앗는 법 등에 여러 가지 전략이 있음을 알게 된다.

피보나치의 수열

피보나치[1]는 중세의 주요 수학자 중 한 명으로 산술, 대수, 기하학의 발전에 공헌했다. 본명은 레오나르도 다 피사(Leonardo da Pisa, 1175~1250)이며, 아버지는 이탈리아인 세관원으로 북아프리카의 보우기(Bougie)에 주재했다. 그런 관계로 피보나치는 동방과 아라비아의 많은 도시를 방문했고, 자릿수 계산법과 0의 기호를 사용하는 인도 아라비아식 숫자 표기법을 익힐 수 있었다. 당시 이탈리아에서는 계산할 때 로마 숫자를 사용하고 있었다. 피보나치는 인도 아라비아 숫자의 유용성과 아름다움에 반해 보급에 힘썼다. 1202년에 저술한 『산반서 (Liber Abaci)』는 인도 아라비아 숫자에 관해 상세히 기술하고 있는 입문서로 인도 아라비아 수의 사용 방법과 가감승제법, 문제 풀이 방법에 대해 자세히 해설하고 있으며, 또한 대수와 기하학까지 논하고 있다. 이탈리아 상인들은 예전 방법을 바

---

1) 피보나치는 문자 그대로 해석하자면 '보나치의 아들'이라는 뜻이다.

꾸고 싶어 하지 않았다. 그러나 아랍인들과 늘상 접촉을 해야 하는 상황이었고, 피보나치 같은 수학자들의 책도 출간되었기 때문에 인도 아라비아의 수체계는 점차 유럽 대륙에 침투해 들어갔다.

> 피보나치의 수열—1, 1, 2, 3, 5, 8, 13, 21, 34, 55, ……

피보나치라는 이름이 오늘날까지 전해지고 있는 이유는, 그의 저서인 『산반서』에 그가 소개한 문제 덕분이다. 공교롭게도 그 문제의 답인 수열은 유명하지만 그 문제 자체는 이미 잊혀지고 말았다. 『산반서』가 발표되었던 당시에는 이 문제가 단순한 두뇌체조 정도로 밖에 인식되지 않았다. 그런데 19세기 들어 프랑스의 수학자 에두와르 루카(Edouard Lucas)가 수학게임 4권 시리즈를 편집하면서 이 문제의 해답인 수열을 '피보나치의 수열' 이라는 이름으로 소개했다. 이 『산반서』에 나오는 문제를 소개해 보기로 하자.

(1) 생후 1개월 된 토끼 2마리(암컷과 수컷)가 있다. 생후 1개월은 아직 너무 어리지만 2개월이 되면 충분히 성장하여 새끼를 낳을 수 있다고 하자. 또 그 후에는 매달 2마리씩(암컷과 수컷)

새끼를 낳는다고 하자.

⑵ 태어난 2마리의 새끼 토끼도 마찬가지로 새끼를 낳는다면 매월 초에는 암수가 몇 쌍이 될까?

쌍의 수

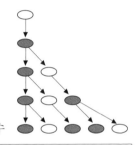

1＝F1 피보나치수열의 첫 번째 수

1＝F2 피보나치수열의 두 번째 수

2＝F3 피보나치수열의 세 번째 수

3＝F4 피보나치수열의 네 번째 수

5＝F5 피보나치수열의 다섯 번째 수

○ ＝성장하여 새끼를 낳을 수 있는 쌍
● ＝어려서 아직 새끼를 낳을 수 없는 쌍

피보나치 수열의 각항은 선행하는 2항의 합이며, 다음과 같이 나타낼 수 있다.

$$F_n = F_{n-1} + F_{n-2}$$

그러나 피보나치 자신이 이 수열을 연구한 것은 아니다. 그 중요성을 부각된 것은 19세기 이후부터로 이 수열에 재미있는 성질이 있으며 다양한 분야에서 찾아볼 수 있다는 사실을 수학자들이 발견했기 때문이었다.

피보나치 수열은 다음과 같은 분야에서 찾아볼 수 있다.

- 파스칼의 삼각형, 이항식, 확률
- 황금비, 황금 직사각형
- 자연계, 식물
- 불가사의한 수학적 속임수
- 수학적 항등성

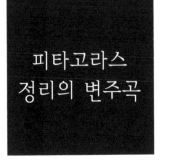

피타고라스
정리의 변주곡

기원전 300년경, 그리스의
수학자 알렉산드리아의 파프스
(Pappus)는 피타고라스 정리의 재
미있는 변형을 고안하고 증명했
다. 직각삼각형의 3변에 정사각형을 그리는 대신에, 각각의
세 변에 임의의 평행사변형을 그린 것이다.

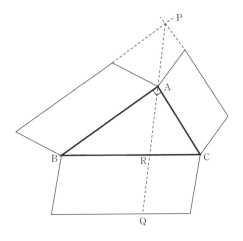

임의의 직각삼각형을 다음과 같이 변형시켜보자.

(1) 빗변 이외의 두 변에 대해 각각을 한 변으로 하는 임의의

평행사변형을 그린다

⑵ 그 평행사변형의 한 변을 그림과 같이 연장하여 교점 P를 얻는다.

⑶ 반직선 PA를 긋고, PA가 선분 BC와 만나는 점을 R이라 하자. 여기서 |RQ|＝|PA|가 되는 점을 구한다.

⑷ 빗변 $\overline{BC}$ 를 한 변으로 하는 평행사변형을 그린다. 이때, 평행사변형의 두 변이 $\overline{PQ}$ 와 평행이면서 길이가 같아지도록 한다.

파프스의 결론 : 빗변을 한 변으로 하는 평행사변형의 넓이는 다른 두 개의 평행 사변형의 넓이의 합과 같다.

세 개의 고리 -위상기하학적 모델

한 개의 고리를 빼면 어떻게 될까?

어느 것이 됐든 두 개의 고리는 연결되어 있을까?

세 개의 고리는 모두 연결되어 있을까?

**해부학과
황금분할**

레오나르도 다 빈치는 인체 각 부분의 비율에 대해 상세히 연구했다. 아래의 그림은 각 부분의 비율을 상세히 조사하여 어디에

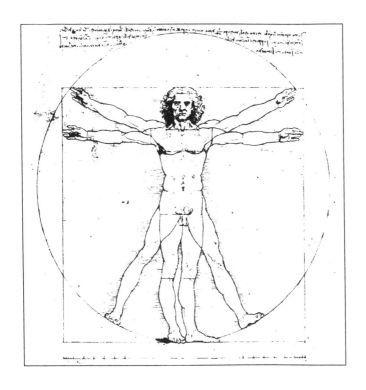

어떻게 황금분할을 적용시킬 수 있는지를 나타낸 것이다.[1] 이 그림은 1509년에 수학자 루카 파치올리(Luca Pacioli)가 쓴 『신성비례론』의 삽화로 그려진 그림 중 한 장이다.

황금분할은 또한 다 빈치의 미완성 작품인 『성 히에로니무스』(1483년경)에서도 볼 수 있다. 그림 위의 직사각형에서도 알 수 있듯이 성 히에로니무스의 모습은 황금 직사각형에 딱 들어맞는데 이는 그저 우연이 아니라 다 빈치가 의도적으로 황금분할을 적용했을 것으로 추측되고 있다. 다 빈치는 수학에 남다른 관심을 보였으며 작품이나 아이디어에 종종 수학을 응용하고는 했기 때문이다. 예를 들어, 그는 이런 말을 했다― "……수학적인 설명이나 증명을 통해 이루어진 것이 아니라면, 어떤 탐구도 과학이라 부를 수 없다."

---

1) 황금분할(golden section)은 또한 황금평균(golden mean)이나 황금율(golden ratio) 혹은 황금비(golden proportion)로 불린다. 이는 어떤 선분을 아래와 같이 분할했을 때의 곱셈 평균이다. 선분 AC를 둘로 나누는 점 B를, $\dfrac{|AC|}{|AB|} = \dfrac{|AB|}{|BC|}$ 가 되도록 놓는다. 황금비의 값은 $\dfrac{(1+\sqrt{5})}{2}$로 쓸 수 있으며 약 1.6이 된다.

A   B   C

레오나르도 다 빈치, 『성 히에로니무스』, 1483년경

현수선과 포물선

체인의 양쪽 끝을 고정하여 늘어뜨렸을 때, 그 체인이 늘어지면서 그리는 곡선을 현수선[1]이라고 한다. 이 곡선은 포물선 모양과 똑같기 때문에 그 유명한 갈릴레오조차 처음에는 포물선이라 생각했을 정도다.

이 현수선에 같은 간격으로 추를 달면 체인은 포물선을 그

---

1) 현수선을 나타내는 식은 $y = a\cosh(x/a)$이며, x는 준선(準線)이다.

리게 된다. 예를 들어 샌프란시스코에 있는 골든 게이트 다리와 현수교 케이블이 그렇다. 이 경우, 늘어진 케이블에 수직의 지지대를 받침으로써 케이블의 포물선을 만들어내고 있다.

샌프란시스코의 '익스플로라토리움'에는 이 현수선을 설명하기 위한 실지체험형 전시 코너가 마련되어 있다.

T자 퍼즐

옛날부터 전해 오는 퍼즐인데 답을 찾기가 쉽지 않다. 아래의 4조각을 조합하여 T자를 만들어 보자. 답답해 하지 말고, 파이팅!

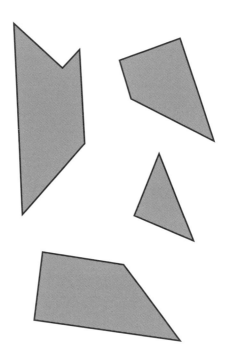

☞「T자 퍼즐」의 답은 「해답」 참조.

탈레스(Thales, 기원전 640~546)는 고대 그리스의 7인의 현자 중 한 명으로 알려져 있다. 연역적 추리법의 아버지로도 불리며 그리스에서 최초로 기하학을 연구한 사람이기도 하다. 수학자이며 교사이고, 철학자이며, 천문학자이기도 한 그는 빈틈없는 실업가였고 논리적인 증명법으로 자신의 학설을 증명한 최초의 기하학자이기도 했다. 기원전 585년의 일식을 정확히 예언했으며 그림자와 유사 삼각형을 이용하여 거대 피라미드의 높이를 계산하여 이집트인들을 놀라게 한 적도 있었다.

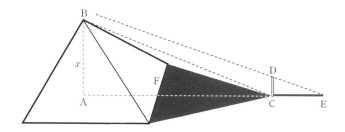

방법:

지금, 위의 그림과 같이 피라미드에 그림자가 생겼다고 하

자. 이때, 길이 $|DC|$인 막대기를 그림자의 꼭짓점 C에 수직으로 세운다. 막대기의 그림자 길이 $|CE|$를 잰다. $|AF|$는 피라미드의 한 변의 길이의 $\frac{1}{2}$이다. 여기서 피라미드의 높이 x는, 유사 삼각형 $\triangle ABC$ 및 $\triangle CDE$를 이용하여 간단히 계산할 수 있다.

$$\frac{x}{|CD|} = \frac{|AC|}{|CE|} \text{이므로,}$$

$$x = |CD| \times \frac{|AC|}{|CE|} \text{가 된다.}$$

무한 호텔의 프론트 직원이 되려면, 무한에 대한 실제적인 지식이 필요하다. 폴은 프론트 직에 응모하여 면접을 보고 다음 날 밤

부터 일을 하기 시작했다. 폴은 의아했다. 프론트에서 일하는 데 왜 무한, 무한집합, 초한수에 대해 알아야 하는 걸까? 이 호텔에는 방이 무한히 있기 때문에 손님에게 방을 배정해 주는 데는 아무런 문제도 없지 않은가. 그런데 일을 시작하자마자, 무한에 대해 알고 있기를 잘했다는 생각이 들었다.

낮에 근무하는 프론트 직원과 교대할 때, 그 직원은 지금 무한 호텔의 방이 다 찼다고 말했다. 그 직원이 돌아간 후에 새로운 예약 손님이 찾아왔다. 어느 방을 배정할 것인지 결정해야 한다. 폴은 잠깐 생각을 하더니 모든 손님을 각각 1씩 더 큰 방으로 옮기도록 했다. 그렇게 하면 1호실이 공실이 되는 것이다. 폴 자신도 좋은 아이디어라고 생각했으나 그때 새로운 손님으로 인해 무한 호텔은 도산하고 말았다. 자, 폴은 어떤 손님에게 어떤 방을 배정했어야 했을까?

이 무한 호텔 문제를 처음으로 고안해 낸 것은 독일의 수학자 데이비드 힐베르트 (1862~1943)였다.

☞"폴의 답"은 「해답」 참조.

결정 – 자연이 낳은 다면체

다면체는 고대 수학 문헌에도 등장하는데, 그 기원은 훨씬 더 오랜 옛날 이 세상의 삼라만상의 기원과도 관련이 있다. 결정은 성장하면서 다면체를 만든다. 예를 들어 염소산나트륨 결정은 정육면체나 정사면체의 형태이며, 크롬명반의 결정은 정팔면체다. 그런데 재미있는 것은 미세한 바다 생물인 방산충 골격에 십면체와 이십면체의 결정이 있다는 사실이다.

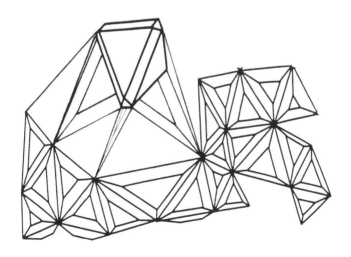

다면체란 그 형태를 만드는 각 면이 다각형인 입체를 말한다. 그 각면이 모두 정다각형이고 꼭짓점이 모두 같은 형태일 때, 그 입체를 정다면체라 부른다. 따라서 정다면체를 구성하는 면은 모두 합동이며 변의 길

방산충

이는 모두 같고, 꼭짓점도 모두 동일하다. 다면체의 종류는 무한하지만, 정다면체는 다섯 종류밖에 없다. 기원전 400년경, 플라톤에 의해 독자적으로 발견되었기 때문에 이 5종을 '플라톤의 다면체'[1]라고 한다. 하지만 그 존재는 그 전부터 알려져 있었다. 피타고라스도 알고 있었고 이집트인들은 건축물 등을 디자인할 때 이를 이용하기도 했다.

---

1) 「플라톤의 다면체 5종」(181쪽) 참조

플라톤의 다면체 5종

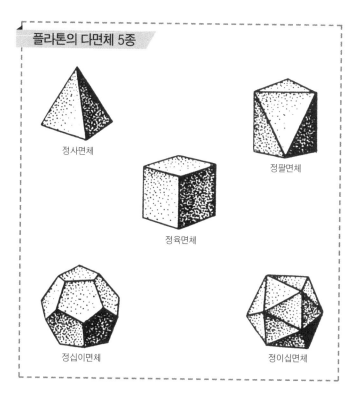

정사면체

정팔면체

정육면체

정십이면체

정이십면체

파스칼의 삼각형, 피보나치의 수열, 이항식

블레즈 파스칼(Blaise Pascal, 1623~1662)는 유명한 프랑스의 수학자였지만 종교적 신념과 건강상의 문제만 없었다면, 그리고 좀 더 적극적으로 수학적 테마를 연구했다면 더 위대한 수학자가 되었을지도 모른다. 파스칼의 아버지는 아들이 자신처럼 수학에 너무 깊이 빠질 것을 우려해[1], 보다 폭 넓은 교양을 익히기를 바랬다. 때문에 수학 공부보다는 다른 분야에 관심을 갖도록 유도했다. 그러나 일찍이 12살 때부터 기하학에 훌륭한 재능을 보였기 때문에 그 후에는 아들이 수학에 열중할 수 있도록 격려했다고 한다. 파스칼은 상당히 재능이 많아서 16살에 발표한 원추곡선에 관한 논문은 당대 수학자들을 경탄하게 만들었다. 그의 업적으로는 '파스칼의 정리'로 알려진 정리─간단히 말하면, 육각형이 원추에 내접할 때, 그 육각형이 마주하

---

1) 파스칼의 아버지인 에띠엔느 파스칼(Etienne Pascal)도 상당히 수학을 좋아했다. 파스칼의 『원뿔 곡선론』(1639)에 그 이름을 남긴 것은 파스칼이 아니라 그의 아버지였다.

는 변과 변을 연장하여 생기는 세 개의 교점은 일직선상에 있다는 정리―가 있으며, 이 외에 18살 때는 세계 최초라고도 일컬어지는 계산기를 발명했다. 그러나 파스칼은 이 때 건강을 해쳐 수학을 그만두겠다고 신께 맹세했다. 그러나 3년 후에는 소위 말하는 '파스칼의 삼각형'과 그 성질에 대해 논문을 발표하게 된다. 1654년 11월 23일 밤, 파스칼은 신비한 체험을 하게 되는데, 그 후로는 평생을 신학에 바치겠노라고, 수학과 과학은 그만두겠노라고 결심하고 만다. 그 후로 아주 짧은 기간(1658~1659)을 제외하고는 그는 두 번 다시 수학에 손을 대지 않았다.

수학은 표면상으로는 관계가 없어 보이는 개념을 연결하는 방법이기도 하다. 파스칼의 삼각형은 그 좋은 예로써 피보나치의 수열과 뉴턴의 이항식 사이에 상관 관계를 만든다. 파스칼의 삼각형, 피보나치의 수열, 이항식 이 세 가지는 모두 서로 관계가 있는 것이다. 그 관계를 나타낸 것이 다음 장의 그림이다. 파스칼의 삼각형의 빗변 선 위의 수를 더해가면, 피보나치의 수열이 완성된다. 또한 파스칼의 삼각형의 각 열은, 이항식 $(a+b)$의 지수를 1개씩 크게 했을 때의 계수가 된다.

예를 들면 아래와 같다.

$$(a+b)^0 = 1 \qquad\qquad\qquad 1$$
$$(a+b)^1 = 1a + 1b \qquad\qquad 1 \quad 1$$
$$(a+b)^2 = 1a^2 + 2ab + 1b^2 \qquad 1 \quad 2 \quad 1$$
$$(a+b)^3 = 1a^3 + 3a^2b + 3ab^2 + 1b^3 \quad 1 \quad 3 \quad 3 \quad 1$$

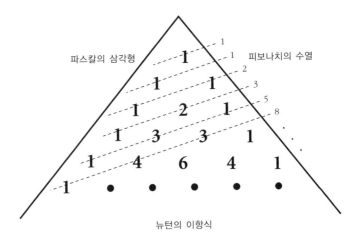

$$(a+b)^n = \left(\frac{n}{0}\right)a^n + \left(\frac{n}{1}\right)a^{n-1}b + \left(\frac{n}{2}\right)a^{n-2}b^2 + \cdots + \left(\frac{n}{n}\right)b^n$$

수학적 지식이 당구에 도움이 된다는 말을 쉽사리 믿기는 어려울지도 모른다. 직사각형의 당구대가 있고 그 가로세로의 비율이 정수비(예를 들면 7 : 5)라 하자. 당구공을 한 귀퉁이에서 45도 각도로 치면, 몇 번 튕기다가 네 귀퉁이 중 한 귀퉁이에 도달하게 되는데, 그 때의 튕기는 횟수가 사실은 당구대의 모양에 따라 이미 결정되어 있다. 그 횟수는 다음과 같은 식으로 구할 수 있다.

출발점

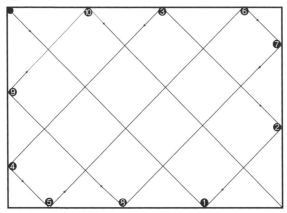

10번 튕긴 후 도달하는 포켓

당구대의 길이＋폭－2

앞의 그림과 같은 당구대에서는 10번 튕기게 된다.

$$7+5-2=10$$

※ 당구공의 경로를 구할 때 생기는 직각이등변삼각형에 주의하시오.

전자 운동의
기하학

우리는 다양한 물리 세계에서 다양한 기하학도형을 만날 수 있다. 그러나 그 중 대부분은 육안으로는 확인이 안 된다. 아래 전자 궤도 그림에서는 분명히 오각형을 볼 수 있다.

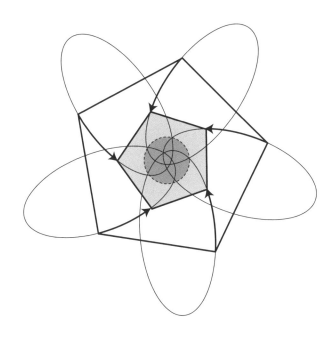

위상기하학에서는 때때로
재미있는 도형이 만들어진다. 독
일의 수학자 아우구스투스 뫼비
우스(Augustus Moebius, 1790~1868)
가 만든 뫼비우스의 띠도 그 중 하나다.

위의 그림은 좁고 긴 종이의 끝과 끝을 풀로 붙여 이어 고리
로 만든 것이다. 종이의 한 면은 안을 또 다른 한 면은 바깥을
이루고 있다. 만약 거미가 고리의 바깥쪽을 기어가고 있다면,
그 거미가 고리 안으로 들어가기 위해서는 종이의 경계 벽을
넘는 수밖에 없다.

한편, 이 그림은 뫼비우스의 띠를 그린 것이다. 처음 그 종
이를 일단 꼰 후 끝과 끝에 풀칠을 해 붙이면 이런 고리가 생

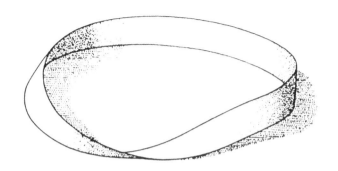

긴다. 이 종이 고리에는 안과 겉의 구별이 없다. 즉, 하나의 면 밖에 존재하지 않는 것이다. 거미가 이 뫼비우스의 띠의 표면을 기어가다 보면 경계 벽을 넘지 않고도 고리 전면을 다 돌 수 있다. 이를 확인하려면 펜으로 선을 그어보면 된다. 고리 표면에서 한 번도 펜을 떼지 않은 채로 전면에 선을 그리다 보면 다시 출발점으로 돌아올 것이다.

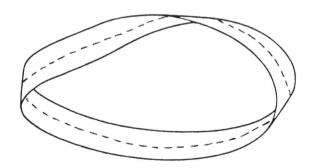

뫼비우스의 띠에는 또 다른 재미있는 성질이 있다. 종이의 가운데 선을 따라 가위로 오려보자.

뫼비우스의 띠는 특히 산업계의 주목을 받고 있는데, 자동차 팬벨트와 같은 기계적 장치의 벨트로 사용되고 있다. 일반 벨트보다 균일하게 마모되기 때문이다.

뫼비우스의 띠 못지않게 재미있는 것이 클라인 항아리다. 독일의 수학자 펠릭스 클라인(Felix Klein, 1849~1925)은, 면이 단 하나밖에 없는 특수한 항아리의 위상기하학적 모델을 만들어냈다. 클라인의 항아리에는 바깥은 있는데 안이 없다. 자신이 자신을 관통하고 있다. 그 안에 물을 넣으면 물은 물을 넣었던 그 구멍으로 그대로 흘러나올 것이다.

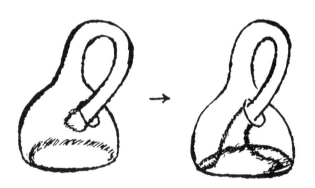

뫼비우스의 띠와 클라인 항아리에는 재미있는 관계가 존재하는데 그것은 바로, 클라인 항아리를 세로로 자르면 두 개의 뫼비우스의 띠가 생긴다는 것이다.

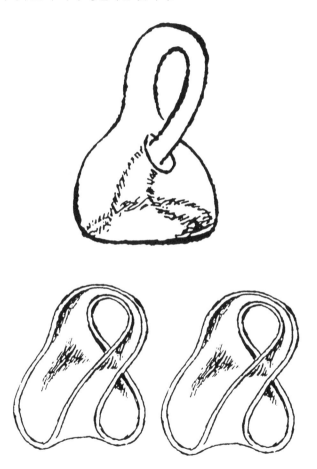

샘 로이드의 퍼즐

이는 유명한 퍼즐 제작자인 샘 로이드(Sam Loyd)가 만든 퍼즐이다. 퍼즐의 목표는 이 다이아몬드로부터 탈출하는 것. 출발 지점은 중앙의 3이라는 숫자가 쓰여진 칸이다. 3이라는 숫자는 상하좌우 대각선, 어느 방향으로든 세 칸 움직일 수 있다는 뜻이다. 옮겨간 칸에도 역시 숫자가 쓰여 있으므로 이번에는 그 숫자만큼, 처음과 마찬가지로 여덟 개의 방향 중 어딘가로 움직이면 된다.

자, 파이팅!

☞「샘 로이드의 퍼즐」의 답은 「해답」 참조

수학과
종이 접기

누구나 일상적으로 종이를 접어 어딘가에 끼워두고는 할 것이다. 그러나 처음부터 수학 공부를 하려는 목적으로 종이를 접는 사람은 없을 것이다. 경우에 따라서는 종이 접기는 재미도 있고 또한, 공부도 된다. 그 유명한 루이스 캐럴(Lewis Carrol)도 그 재미에 푹 빠져 열심히 종이를 접고 있었던 것 같다. 종이 접기는 문화의 차이를 넘어 널리 행해지고 있는 것 같은데, 이를 예술의 경지까지 끌어올려 널리 일반에 보급시킨 예를 들라면 역시 일본의 "오리가미"가 가장 먼저 떠오를 것이다.

일본식 종이 접기의 수학적인 측면

종이를 접다 보면 자연히 많은 기하학적 개념이 등장하게 된다. 예를 들면 정사각형, 직사각형, 직각삼각형, 합동, 대각선, 중점, 내접, 넓이, 사다리꼴, 수직이등분선, 피타고라스의 정리 등이 그것이다.

이런 개념들이 종이 접기에서 어떻게 이용되는지 예를 들어보자.

ⅰ) 직사각형 종이로 정사각형 종이를 만든다.

이 부분을 잘라낸다

ⅱ) 직사각형 종이로 합동이 되는 직각삼각형을 4개 만든다.

ⅲ) 정사각형의 1 변의 중점을 표시한다.

ⅳ) 정사각형의 종이에 내접하는 정사각형을 만든다.

 혹은

ⅴ) 이 종이가 접힌 부분을 잘 보면 내접하는 정사각형의 넓이는 큰 정사각형 넓이의 $\frac{1}{2}$임을 알 수 있다.

ⅵ) 접힌 부분이 중심을 지나도록 정사각형을 둘로 접으면 합동이 되는 마름모꼴이 2개 생긴다.

vii) 정사각형을 딱 반으로 접으면 접힌 선은 정사각형의
1변에 대한 수직이등분선이 된다.

viii) 피타고라스의 정리를 설명하려면 정사각형 종이를 아
래 그림처럼 접으면 된다.

삼각형 ABF의 변 AB를 c, BF를 a, FA를 b라 하면,

$c^2=$정사각형 ABCD의
면적

$a^2=$정사각형 FBIM의
면적

$b^2=$정사각형 AFNO의
면적

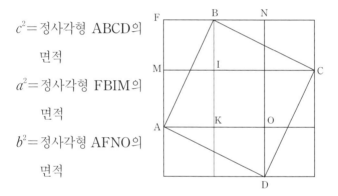

합동인 도형과 도형을 조합하면 아래와 같다.

정사각형 FBIM의 넓이= 삼각형 ABK의 넓이

AFNO의 넓이=BCDAK의 넓이

(정사각형 ABCD에서 삼각형 ABK를 뺀 나머지 넓이)

따라서 $a^2+b^2=c^2$이다.

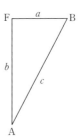

ix) 삼각형의 내각의 합은 180°가 된다는 정리를 증명하려
면 임의의 삼각형 종이를 그림과 같이 점선을 따라 접
으면 된다.

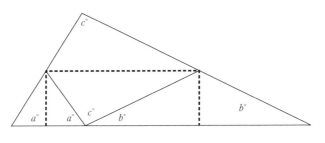

$a°+c°+b°=180°$—`직선을 이루므로.

x) 접선을 접어가다 보면 포물선이 생긴다.

방법: 포물선의 초점을 종이 한 변으로부터 수 센티미터 떨
어진 곳에 잡는다. 그림과 같이 20~30회 접어가면 그 접힌

부분은 모두 포물선의 접선을 만들며 전체적으로 포물선의 윤곽이 나타난다.

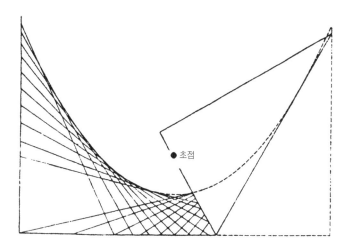

● 초점

피보나치의 속임수

피보나치 수열[1]의 각항은 바로 앞의 2항을 더함으로써 구할 수 있다. 이런 방법으로 만들어진 수열을 피보나치형 수열이라고 한다.

1, 1, 2, 3, 5, 8, 13, 21, 34, 55, 89, 144, 233, 377, 610, 987, 1597, 2584, 4181, 6765, 10946, 17711, 28657, 46368, 75025, 121393, 196418, 317811, 514229, …

마음에 드는 숫자를 2개 골라서 그 2개의 숫자로 시작하는 피보나치형 수열을 만들어보자. 그 수열 첫 부분에 오는 숫자 10개의 합은 반드시 제 7항의 11배가 된다.

어떤 2개의 숫자로 시작하더라도 반드시 이렇게 되는 이유를 증명할 수 있는가?

☞「피보나치의 속임수의 증명」에 대해서는「해답」참조.

---

1) 자세한 것은「피보나치의 수열」편(58쪽) 참조

수학 기호의
진보

점토판을 이용해 설형문자를 썼던 바빌로니아의 서기는 공백을 둠으로써 0을 표시했다. 그렇게 오래 전부터 수학자들은 다양한 개념이나 조작을 나타내는 기호를 발명해왔다. 더 알기 쉽게, 그리고 말할 필요도 없지만, 시간과 노력, 공간을 절약할 수 있는 기호를 찾아서 말이다.

15세기, 플러스와 마이너스를 의미하는 최초의 기호가 등장했다. 플러스를 p, 마이너스를 m으로 표시했던 것이다. 또한 독일 상인들은 10과 1이라는 기호를 중량의 과부족을 나타내는데 사용하기도 했다. 결국은 수학자들도 이 기호를 사용하게 되었고 1481년 이후의 사본에는 이 10과 1이라는 기호가 등장하게 된다. 곱하기를 의미하는 '×'를 만든 것은 윌리엄 오트레드(William Oughtred, 1574~1660)라고 알려져 있는데 x와 헷갈린다 하여 반대한 수학자도 있었다.

같은 개념을 나타내는데도 수학자의 수만큼 기호가 존재하는 경우도 많았다. 예를 들어 16세기의 프랑소와 비에트

(Francois Vieta)는, '같다'를 나타내기 위해 처음에는 aequalis라는 단어(프랑스어로 '같다'라는 뜻)를 사용했으나, 훗날 '～'라는 기호를 사용했다. 데카르트는 '∝'를 즐겨 사용했으나 최종적으로 남은 것은 로버트 레코드(Robert Recorde)가 고안한 (1557) '＝'였다. 두 줄의 평행선만큼, 서로 닮았으면서도 '같다'를 표현하기에 적합한 것은 없다고 그는 생각했던 것이다.

고대 그리스의 수학자 유클리드나 아리스토텔레스는 문자를 사용해 미지수를 나타내기도 했는데, 그것은 일반적인 방법은 아니었다. 16세기에는 radix(라틴어로 '근'이라는 뜻), res(라틴어로 '물(物)'), cosa(이탈리아어로 '물(物)'), coss(독일어로 '물(物)')이 미지수를 나타내는 단어로 사용되었다. 법률가인 프랑소와 비에트(Gottfried W. von Leibniz)는 1584년부터 1589년이 블루타뉴 의회 의원의 임기와 임기 사이의 공백기였기 때문에 그동안에 많은 수학자들의 저작물을 널리 연구했다. 그리고 그를 통해 이미 알려진 양수와 미지의 양수를 문자로 나타낼 수 있다는 아이디어를 얻었다. 데카르트는 이를 수정하여 미지의 수에 대해서는 알파벳의 앞 글자부터, 미지의 수에 대해서는 알파벳의 끝 글자부터 표시하면 어떻겠냐는 제안을 했다. 그리고 결국 1657년, 요한 휘데(Johan Hudde)에 의해 양수와 음이 기호를 처음 사용한 것은 이탈리아의 수학자 피보나치다. 1220년의 일이다. 의미는 $\sqrt{\ }$ 이며, 아마 "근"을 의미하는 라틴어인 radix에서 따온 것 같다. 오늘날 사용되는 $\sqrt{\ }$ 기호는 16세기 독일에서 탄생했다.

1525년, 독일의 수학자 크리스토프 루돌프(Christoff Rudolff)가 세제곱근 기호로 사용했다. $3\sqrt{\ }$ 가 탄생한 것은 17세기 프랑스에서였다.

17세기 독일의 수학자 라이프니치(Gottfried W. von Leibniz)는 이 기호를 곱셈 기호로 사용했다.

D를 뒤집어 놓은 듯한 이 기호는 나눗셈을 나타내는 기호로, 1700년대에 프랑스인 J. E. 갈리마르(J. E. Gallimard)에 의해 사용되었다.

1859년, 하버드 대학 교수인 벤자민 퍼스(Benjamin Peirce)는 이 기호를 파이를 나타내기 위해 사용했다. π가 처음으로 사용된 것은 18세기 영국이다.

이 기호는 르네상스기의 수학자 타르탈리아(Niccolo Tartaglia)가 덧셈의 의미로 사용했다. 이탈리아어의 piu(보다 많이)에서 유래한다.

고대 그리스의 수학자 디오판토스(Diophantus)는 이 기호를 뺄셈 기호로 사용했다.

수 모두를 문자로 표현하게 되었다.

'∞'는 고대 로마에서는 1000을 나타내는 기호였는데 훗날에는 아주 큰 수라는 듯으로 쓰이게 되었다. 이 '∞' 기호를 처음으로 무한대의 의미로 사용한 사람은 옥스퍼드 대학 교수였던 존 월리스(John Wallis)로 1655년의 일이었다. 그러나 일반적으로 쓰이게 된 것은 1713년에 베르누이(J. Bernoulli)가 사용하면서부터다.

시대와 함께 진보해 온 기타 기호로는 1544년에 사용된 괄호, 1593년의 제곱근의 대괄호와 중괄호, 그리고 제곱근의 근호가 있다. 근호를 고안한 사람은 데카르트(René Descartes)다(세제곱근(cube root)을 나타내기 위해 $\sqrt{c}$를 사용했다).

+기호나 0을 나타내는 기호 등은 오늘날에는 당연시되고 있다. 이런 기호들을 사용하지 않고 수학 문제를 풀라고 한다면 그것은 상상도 못할 일일 것이다. 잊어버리기 쉽지만 그러나, 사실 이들 기호가 탄생하고 널리 수용되기까지는 수 세기라는 시간이 걸렸던 것이다.

	과거	현재
	R̸	$\sqrt{}$
	p	$+$
	m	$-$
	v[1]	근호 아래에 둔다
칼다노(1501~76)	R̸.v.7.p:R̸.14	$\sqrt{7}+\sqrt{14}$
슈케(1484)	$12^3+12^0+7^{1m}$	$12x^3+12+7x^{-1}$
봄베리	③	x^3
스테빈(1585)	$1⓪+3①+6②+ ^3$	$1+3x+6x^2+x^3$
	①/②	$\sqrt{}$
	①/③	$\sqrt[3]{}$
데카르트	$1+3x+6xx+x^3$	$1+3x+6x^2+x^3$

---

1) 근호가 걸리는 범위를 나타낸다. 아래의 칼다노의 예에 v^7이라고 되어 있는 것은 바로 앞의 근호가 7에만 걸려있음을 의미한다. – 옮긴이

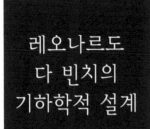

레오나르도 다 빈치의 기하학적 설계

레오나르도 다 빈치가 그린 이 스케치를 보면 교회 설계에 정다각형을 이용하고 있음을 알 수

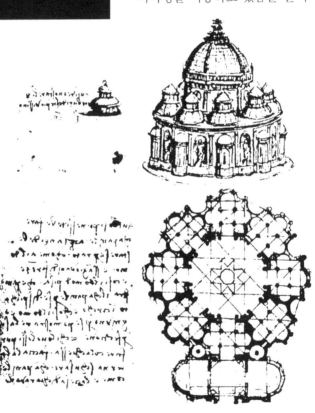

있다. 다 빈치는 기하학적 구조에 관심을 갖고 연구를 했으며 대칭성에 대해서도 잘 알고 있었다. 그 덕에 본당 디자인이나 대칭성을 해치지 않고 예배당을 증축하기 위한 설계도를 그릴 수 있었던 것이다.

역사적 사건이 있었던 10개의 해

아래 그림은 10개의 역사적 사건이 일어났던 해를 다양한 기수법으로 보여주고 있다. 각각을 10진법에 기초한 현대식 기수법으로 고치고 무슨 사건이 있었던 해인지 맞춰보자.

현대	1	2	3	4	5	6	7	8	9	10	11	12	13	14	15	16
(기원전 1500년)바빌로니아	▼	▼▼	▼▼▼	▼▼▼▼	▼▼▼	▼▼▼	▼▼▼	▼▼▼	▼▼▼	◀	◀▼	◀▼▼	◀▼▼▼	?	?	?
(기원전 500년)중국	一	二	三	四	五	六	七	八	九	十	土	吉	圭	?	?	?
(기원전 400년)그리스	A	B	Γ	Δ	E	F	Z	H	Θ	I	IA	IB	IΓ	?	?	?
(기원전 300년)이집트	I	II	III	IIII	IIIII	IIIIII	IIIIIII	IIIIIIII	IIIIIIIII	∩	∩I	∩II	∩III	?	?	?
(기원전 200년)로마	I	II	III	IV	V	VI	VII	VIII	IX	X	XI	XII	XIII	?	?	?
(기원후 300년)마야	●	●●	●●●	●●●●	―	―	●●	●●●	●●●●	―	―	―	―	?	?	?
(11세기)힌두	१	२	३	४	५	६	७	८	९	२०	२१	२२	२३	?	?	?
(컴퓨터)2진법	1	10	11	100	101	110	111	1000	1001	1010	1011	1100	1101	?	?	?

☞답은 「해답」참조.

나폴레옹의
정리

수학의 발달과 완성은 국가의
번영과 밀접한 관계가 있다.

－나폴레옹 1세

나폴레옹 보나파르트(1769~1821)는 수학과 수학자를 특별히 존중하였고 자신도 수학을 좋아했다. 뿐만 아니라 다음의 정리를 나폴레옹이 발견했다는 설도 있다.

> 임의의 삼각형에 대해 각 변을 1변으로 하는 정삼각형을 그리고, 그 3개 각각의 정삼각형의 외접원을 그렸을 때, 이 3개의 원의 중심을 이어서 생기는 삼각형은 정삼각형이 된다.

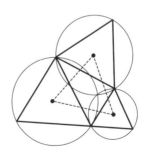

수학자
루이스 캐럴

찰스 루트위지 도지슨(Charles Lutwidge Dodgson, 1832~1898)은 영국의 수학자이며 논리학자인데, 필명인 루이스 캐럴로 더 널리 알려져 있다. 『이상한 나라의 앨리스』와 『거울 나라의 앨리스』의 저자라고 하면 아마 모르는 사람이 없을 것이다. 하지만 그는 이뿐만 아니라 다양한 수학 분야를 다룬 작품도 다수 발표했다. 예를 들어, 저서 『잠 못 드는 밤을 위한 수학(Pillow Problems)』에

"그건 그렇지 않아. 반대로" 라고 트위들디가 말을 이었다. "만약 그렇다면 그럴지도 모르지. 그랬다면 그럴 거야. 하지만 그렇지 않기 때문에 그렇지 않아. 그래야 이치에 맞지"

　　　　　　　　　　　　　　　　　　　　　　　　　　　-루이스 캐럴

는 72개의 문제 – 대부분은 잠 못 드는 밤에 침대 속에서 아이디어를 얻고 그 해법까지 고안해 낸 문제라고 한다 – 가 수록되어 있는데 이 책에서는 산술, 대수, 기하학, 삼각법, 해석기하학, 미적법, 초확률을 다루고 있다.

『뒤엉킨 옛날 이야기(A Tangled Tale)』는 원래 월간지에 실렸던 기사를 훗날 하나로 엮은 것으로, 10개의 장으로 구성된 수학 퍼즐을 소개하는 재미있는 이야기 책이다. 전하는 말에 따르면 빅토리아 여왕이 캐럴의 『앨리스』시리즈에 푹 빠져 그의 저작물을 모두 다 모아오라고 했다고 한다. 그런데 그 많은 책들이 다 수학책이었으니 여왕은 얼마나 놀랐을까?

Pillow Problems 중에서 8번째 문제

사람들이 둥그렇게 앉아 있다. 즉, 모든 사람의 양쪽에는 한 명씩 사람이 있는 상태이다. 그리고 또한 전원이 실링 동전을 몇 개씩 가지고 있다. 첫 번째 사람은 두 번째 사람보다 1실링 더 많이 가지고 있고, 두 번째 사람은 세 번째 사람보다 1실링 더 많이 가지고 있다고 한다(이하 같음). 이때, 첫 번째 사람이 두 번째 사람에게 1실링을 주고, 두 번째 사람은 세 번째 사람에게 2실링을 주고, 세번째 사람은… 이와 같은 식으로 전원이 순서대로 받은 금액보다 1실링 많이 다음 사람에게 전해주는 행동을, 할 수 있을 때까지 했다고 하자. 드디어 계속할 수 없는 상황이 된 시점에서 어떤 사람이 가지고 있는 금액이 옆 사람의 4배가 되었다고 하면 모두 몇 명의 사람이 있는 것일까? 또한 원래 갖고 있던 돈이 가장 적었던 사람은 게임 시작 단계에서 얼마를 가지고 있었던 것일까?

☞ 답은 「해답」 참조

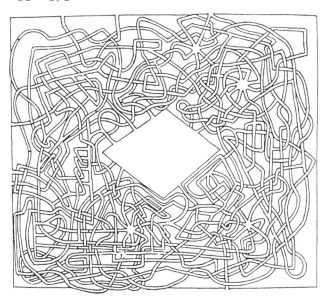

이 미로는 루이스 캐럴이 20대에 그린 것이다. 통로와 통로는 상하로 겹치도록 되어있다. 가운데서 출발하여 밖으로 나가는 것이 목적이다.

손가락 셈

중세에는 종이나 필기구도 귀중품이었으므로 계산을 하거나 그 결과를 전할 때는 종종 손을 이용하고는 했다. 아래의 그림을 보면 알 수 있듯이 작은 수에서 큰 수까지 표현 체계가 있었다.

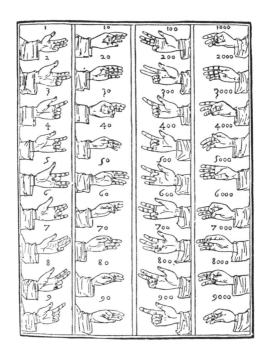

**한 번 꼰
뫼비우스의 띠**

아래 그림은 뫼비우스의 띠를 사용한 그림이다. 이 위상 모델을 종이로 만든 다음, 가운데 점선을 따라 가위로 자르면, 하나는 1개의 사각이 되고, 또 다른 하나는 2개로 나뉜다.

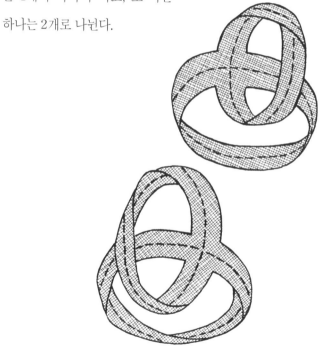

헤론의 공식

기하에서는 밑변과 높이를 사용하여 삼각형의 넓이를 계산하는 방법을 가르치는데 삼각형의 세 변의 길이 밖에 모를 때 넓이를 구하기 위해서는 삼각형에 대한 지식이 필요하게 된다. 그러나 헤론의 공식을 알고 있다면 삼각법 없이도 구할 수 있다.

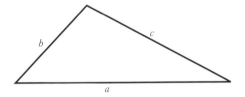

수학사에서 헤론(Heron)은 다음과 같은 공식으로 가장 잘 알려진 인물이다.

$$삼각형의 \ 면적 = \sqrt{s(s-a)(s-b)(s-c)}$$

여기서 a, b, c는 삼각형의 각 변의 길이, s는 그 세 변의 합의 $\frac{1}{2}$이 된다.

이 공식에 대해서 옛날에는 아르키메데스도 알고 있었고, 아마 증명도 했던 것 같다. 그러나 현존하는 가장 오래된 기록은 헤론의 『측량술(Metrica)』이다. 헤론을 평가할 때, 고대 수학자로서는 이단아였다는 말이 가장 정확할 것이다. 수학적 이론보다는 실용성을 중시하여 수학을 과학이나 기술로써 다뤘기 때문이다. 그 결과 헤론은 고대 발명가로서도 그 이름을 남길 수 있게 되었다. 초보적인 증기기관, 수 많은 장난감, 소방펌프, 신전 문이 열리는 순간 불꽃이 솟아오르는 제단, 풍력오르간 등, 유체의 성질이나 단순한 역학의 법칙을 응용하여 다양한 기술 장치를 발명했다.

고딕 건축과 기하학

고딕 건축의 설계도는 그다지 많이 남아있지 않다. 그러나 아래 그림은 밀라노 대성당(두오모)의 진귀한 설계도다. 이 설계도를 보

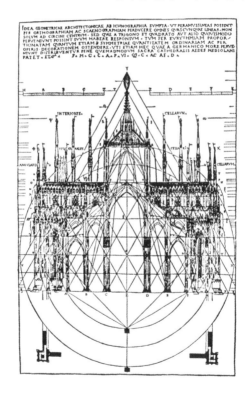

면 설계에 기하학과 대칭성을 사용했음을 알 수 있다. 이들 설
계도는 밀라노 대성당의 건축 감독이었던 케사레 케사리아노
(Cesare Caesariano)에 의해 1521년에 출판되었다.

네이피어의 뼈

복잡한 수를 계산하는 것은 귀찮은 일이다. 천문학을 설계하는 과학자, 현실적인 항해상의 문제에 직면하는 항해사, 거래를 계산하는 상인들에게 이는 특히 절실한 문제였다. 그때 등장한 것이 유명한 스코틀랜드의 수학자 존 네이피어(John Napier, 1550~1617)였다. 그가 발견한 대수[1] (지수를 이용하여 복잡한 곱셈과 나눗셈을 덧셈, 뺄셈으로 변환하는 방법)는 계산법에 혁명을 일으켰다. 네이피어가 개발한 대수표 덕에 곱셈이나 나눗셈, 제곱, 근이 생기는 복잡한 계산을 간단한 계산으로 변환할 수 있게 된 것이다. 대수나 지수함수는 수학에 없어서는 안 될 이론이지만 현대는 계산기나 컴퓨터의 등장으로 인해 대수표 역시 계산척처럼 거의 사용하지 않게 되었다. 하지만 대수표와 대수표를

---

1) 예를 들면 $\dfrac{3600}{0.072}$ 를 계산하기 위해서는 대수표를 사용하여 이들 수를 지수의 형태 (즉 대수)로 고친다. 2개의 수가 밑이 같은 지수의 형태인 경우에는 그 지수에서 지수를 빼기만 하면 나눗셈이 된다. 즉, 3600과 0.072를 대수로 고친 다음 뺄셈을 하고, 얻은 값을 다시 대수표를 사용하여 10진수로 고치면 답을 구할 수 있는 것이다.

사용한 간단한 계산법은 수학자, 회계사, 항해사, 천문학자, 과학자들의 환영을 받으며 수 세기 동안이나 널리 활용되었다.

네이피어는 상인들이 좀 더 쉽게 일할 수 있도록 대수를 이용해 "네이피어의 뼈"라 불리는 숫자를 새긴 계산막대를 발명했다. 상인들은 상아나 나무로 만들어진 계산 막대 세트를 들고 다니며 곱셈과 나눗셈 계산, 제곱근과 세제곱근 계산에 활용했다. 막대는 각각 맨 꼭대기에 새겨진 숫자의 곱셈표이다. 예를 들면, 298에 7을 곱할 때는 2, 9, 8이 쓰여진 막대를 늘어놓고 위에서 일곱번째 열을 찾아, 거기에 쓰여있는 2개의 수를 그림과 같이 더하면 답을 구할 수 있다.

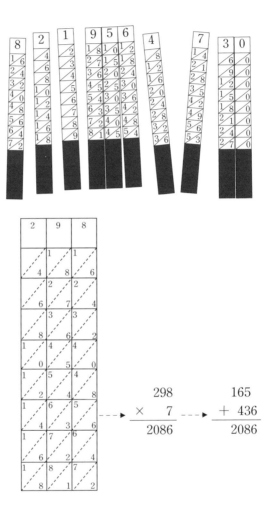

$$\begin{array}{r} 298 \\ \times \quad 7 \\ \hline 2086 \end{array}$$

$$\begin{array}{r} 165 \\ + \ 436 \\ \hline 2086 \end{array}$$

의식적으로든 무의식적으로든 화가는 수 세기에 걸쳐 수학의 영향을 받아왔다. 사영기하학, 황금분할, 균형, 비율, 착시, 대칭성, 기하학적인 도형이나 디자인과 패턴, 유한과 무한, 그리고

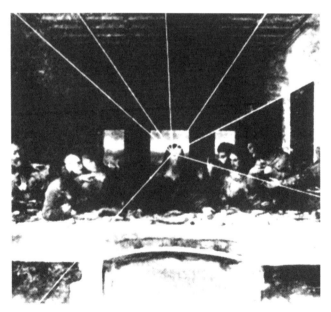

직선들이 포개진 것에서 알 수 있듯이 레오나르도 다 빈치는 걸작 『최후의 만찬』에 사영기하학을 응용했다.

컴퓨터 과학과 같이, 수학은 회화의 다양한 측면과 양식에 영향을 미치고 있다. 원시 미술에서도 고전에서도 또한, 르네상스와 현대미술, 팝아트와 아르데코(art deco) 영역도 마찬가지다.

3차원인 경치를 2차원의 캔버스에 옮길 때는 거리와 각도가 변했을 때 사물이 보이는 정도가 어떻게 바뀌는지를 알아야 한다. 사영기하학은 이 분야를 통해 발전했고 또한 르네상스 회화에 지대한 영향을 미쳤다. 사영기하학은 수학의 한 분야이며, 투영된 도형의 성질과 그 공간적인 관계를, 따라서 필연적으로 원근법의 문제를 다룬다. 사실적이고 입체적인 그림을 그릴 때, 르네상스기의 회화는 당시에 이미 확립되어 있던 사영기하학의 개념—투영점이라든가 수렴하는 평행선, 소실점과 같은—을 이용했다. 사영기하학은 처음으로 모습을 드러낸 비유클리드 기하학의 일종이다. 화가들은 사실적인 그림을 그리기 원했다. 창문을 통해 창밖의 경치를 지각할 수 있기 때문에, 시선을 하나의 초점에 고정시킬 수 있다면 눈에 보인 것을 시점의 집합으로써 창문에 투영할 수 있을 것이다. 즉, 창문이 캔버스를 대신하는 셈이다. 창문을 실제로 캔버스로 바꾸기 위해 다양한 도구가 탄생했다. 옆에서 볼 수 있는 알브레히트 뒤러의 목판화 두 점에는 그린 도구를 사용한 실례가 나타나 있다.

※ 화가의 눈이 고정된 것에 주의하자.

무한과 원

원주의 길이는 일정하다. 즉, 그 길이는 유한하다. 그러나 원주의 길이를 구하는 식 중에는 무한의 개념을 이용한 것이 있다. 원에 내접하는 일련의 정다각형의 둘레의 길이를 생각해 보자(정다각형이란 각 변의 길이가 모두 같으며 각도도 모두 같은 다각형을 말한다). 내접하는 정다각형의 둘레의 길이를 계산해 보면, 그것이 조금씩 둘레의 길이와 가까워진다는 것을 알 수 있다. 아니, 그보

내접하는 정다각형의 변의 수가 ∞로 다가갈 때, 그 다각형 둘레의 길이는 원주의 길이에 근접하게 된다.

다는 다각형의 변의 수가 무한히 증가할 때, 그 둘레의 길이는 원주의 길이에 근접하게 되는 것이다. 옆의 그림을 보면, 다각형의 변의 수가 증가할 때마다 각 변이 원주에 근접해 가면서 그 다각형의 형태가 원에 가까워진다는 것을 알 수 있다.

신기한
경주로

아래 그림처럼 임의의 2개의
동심원으로 된 경주로가 있다고
하자. 바깥쪽 큰 원의 현 중에서,
안쪽의 작은 원과 접하는 부분을
지름으로 하는 원을 그리면 그 원의 넓이는 경주로의 넓이와
같아진다. 그 이유를 증명할 수 있을까?

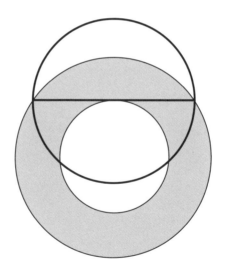

☞증명은 「해답」 참조.

페르시아의
말과
샘 로이드의
퍼즐

17세기 페르시아에서 그려진 이 그림에는 4마리의 말이 숨어 있다. 자, 어디어디에 있을까?

어쩌면 그 유명한 퍼즐 제작자

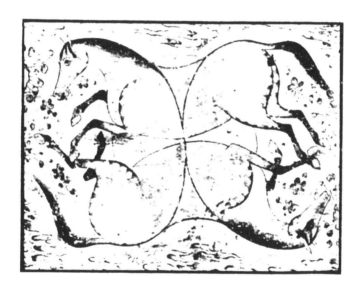

인 샘 로이드(1841~1911)는 이 그림을 보고 "기수와 말에 관한 퍼즐"을 생각해 낸 것이 아닐까?

☞ 답은 「해답」 참조.

로이드가 처음으로 이 그림을 그린 것은 1858년, 그가 아직 10대일 때였다.

이 그림을 점선을 따라 세 개의 직사각형으로 자른 후,
그 조각을 접거나 하지 말고 나열만 바꿈으로써 달리
는 말을 타고 있는 2명의 기수 그림을 완성하시오.

이 퍼즐은 곧 큰 인기를 얻어 샘 로이드는 단 몇 주 만에 1만 달러를 벌어들였다고 한다.

☞"샘 로이드의 퍼즐" 답은「해답」참조.

반달 모양(lune)

lune(반달 모양)이라는 말은 라틴어의 lunar(달 모양을 한)에서 유래한다. Lune이란, 다른 2개의 원으로 둘러싸인 평면상의 영역을 말한다(그림에서 초승달 모양 부분). 키오스의 히포크라테스(기원전 460~380)—참고로 코스 섬의 히포크라테스(히포크라테스의 선언으로 유명한 의학자)와 혼동하지 않도록—는, 이 lune에 대해 열심히 연구했다. 아마 원적문제[1]를 푸는데 유용할 것이라 생각했을 것이다.

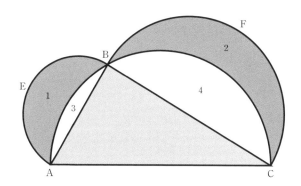

---

1) 「불가능한 세 문제」편(206쪽) 참조

그는 다음과 같은 사실을 발견하고 증명했다.

어떤 반원에 내접하는 삼각형을 그리고, 그 두 변에 대해 각각을 지름으로 하는 반원을 그렸을 때 만들어지는 2개의 반달 모양의 넓이의 합은 삼각형의 넓이와 같다.

$\overparen{ABC}$, $\overparen{AEB}$, $\overparen{BFC}$가 반원이라면 다음 공식이 성립한다.

반달 모양 (1)의 넓이＋반달 모양 (2)의 넓이＝삼각형 ABC의 넓이

증명

반원 $\odot\overparen{AEB}$의 넓이／반원 $\odot\overparen{ABC}$의 넓이＝
$$\left(\frac{\pi|AB|^2}{8}\right)/(\pi|AC|^2)/8=\left(\frac{|AB|^2}{|AC|^2}\right)$$

반원 $\odot\overparen{AEB}$의 넓이＝

(반원 $\odot\overparen{ABC}$의 넓이)$\times\left(\dfrac{|AB|^2}{|AC|^2}\right)$　　　　　—(a)

마찬가지로
반원 $\odot\overparen{BFC}$의 넓이＝

(반원 $\odot\overparen{ABC}$의 넓이)$\times\left(\dfrac{|BC|^2}{|AC|^2}\right)$　　　　　—(b)

따라서 (a)와 (b)의 양변을 더하면,
반원 $\overparen{AEB}$의 넓이＋반원 BFC의 넓이＝

(반원 $\overparen{ABC}$의 넓이)$\times\left(\dfrac{|AB|^2+|BC|^2}{|AC|^2}\right)$　　　　—(c)

△ABC는 반원에 내접하는 삼각형이므로 직각삼각형이다.
따라서,

$$|AB|^2 + |BC|^2 = |AC|^2 \text{ — 피타고라스의 정리}$$

(c)에 이 식을 대입하면,

반원⊙$\widehat{AEB}$의 넓이＋반원⊙$\widehat{BFC}$의 넓이＝반원⊙$\widehat{ABC}$의 넓이

여기에서 넓이(3)＋넓이(4)＝넓이(3)＋넓이(4)를 빼면,

$$
\begin{array}{r}
\text{반원⊙}\widehat{AEB}\text{의 넓이 ＋ 반원⊙}\widehat{BFC}\text{의 넓이 ＝ 반원⊙}\widehat{ABC}\text{의 넓이} \\
-\,)\quad \underline{\text{넓이(3) ＋ \qquad\qquad 넓이(4) ＝ \quad 넓이(3)＋넓이(4)}} \\
\text{반달 모양(1)의 넓이 ＋ 반달 모양(2)의 넓이 ＝ \quad △ABC의 넓이}
\end{array}
$$

　히포크라테스는 결국 원적문제를 풀지는 못했지만 풀려고 노력하는 과정에서 지금까지는 알려지지 않았던 중요한 수학적 개념을 많이 발견했다.

자연 속의
육각형

　정사각형이나 원 같은 기하
학 도형은 자연 속에서 그 아름다
운 예를 찾아볼 수 있다. 정육각형
은 자연이 만들어 낸 기하학 도형
중 하나다. 육각형이란 그 이름처럼 6개의 변을 갖는 다각형
을 말한다. 그 6개의 변의 길이가 모두 같으며 각도도 모두 일
정할 때, 그 육각형은 정육각형이 된다.

　정다각형 가운데 한 치의 틈도 없이 이어 붙일 수 있는 것은
정육각형과 정사각형, 그리고 정삼각형 이 3가지뿐이다. 이는
수학적으로 증명이 가능하다.

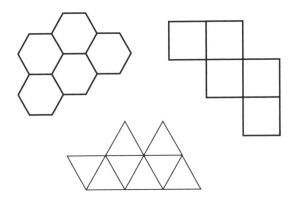

이 3가지 도형 가운데 넓이가 같을 때, 둘레의 길이가 가장 짧아지는 것은 육각형이다. 즉, 벌집의 작은 방이 육각형인 것은 벌집을 만드는데 사용하는 밀랍의 양을 최소화할 수 있고, 최소의 노력으로 최대의 넓이를 만들어 낼 수 있기 때문이다. 육각형은 벌집뿐만 아니라 눈의 결정이나 여러 가지 분자, 결정, 해양생물 등에서도 찾아볼 수 있다.

흩날리는 눈을 맞으며 걷다 보면, 주변은 아름다운 기하학 도형으로 가득하다. 눈 결정은 육각형의 조합으로 이루어진

대칭도형이며 자연이 만든 가장 경탄할 만한 도형 가운데 하나다. 모든 눈의 결정에는 육각형이 숨어 있다. 육각형 조합 패턴은 무한하게 존재하므로 이 세상에 같은 모양의 눈 결정은 하나도 없다는 말도 틀리지는 않을 것이다.[1]

---

1) 콜로라도주 볼더에 있는 미국립기상연구소의 낸시 C. 나이트는 완전히 일치하는 눈 결정 덩어리를 발견했다고 한다. 그 결정은 1986년 11월 1일에 수집되었다.

구골과
구골플렉스

구골이란 1 다음에 0이 100개 붙는 수, 즉 10^{100}이다. 구골이라는 이름을 붙인 것은 수학 관련 저술가 에드워드 캐스너(Edward Kasner)의 9살짜리 조카였다. 그 조카는 또한 구골보다 훨씬 더 큰 구골플렉스라는 수도 발명했다. 그 아이의 설명에 따르자면 이 숫자는 1 다음에 0을 "손이 아파서 더 이상 쓸 수 없을 정도로" 붙인 숫자라고 한다. 수학에서는 구골플렉스는 1 다음에 0을 구골 개수만큼 붙인 수, 즉 10의 구골제곱($10^{10^{100}}$)이

10 000 000 000 000 000
000 000 000 000 000 000
000 000 000 000 000 000
000 000 000 000 000 000
000 000 000 000 000 000
000 000 000 000

라 정의한다.

큰 수의 예:

(1) 우주에 양자와 전자를 촘촘히 채워 넣는다면 그 합계는 10^{110}이 된다. 구골보다는 크지만 구골플렉스보다는 훨씬 작다.

(2) 코니아일랜드의 모래알은 약 10^{20}이다.

(3) 구텐베르크의 성서(1456)이후, 1940년대까지 인쇄된 단어의 수는 약 10^{16}이다.

이 그림은 1에서 27까지의 자연수를 나열하여 만든 3행 3열의 입체방진이다. 가로 세로로 어느 행과 열을 더하든 합계는 42가 된다.

입체방진

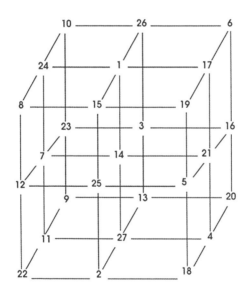

**프랙탈-
현실인가
환상인가?**

우리가 살고 있는 이 세계는 유클리드 기하학에서 다루는 그림이나 개념(점, 직선, 평면, 공간, 정사각형, 원 등)을 이용해 완전하게 기술할 수 있다. ─수 세기동안 사람들은 이렇게 생각해 왔다. 그런 와중에 비유클리드 기하학이 발견되어 이 우주의 다양한 현상을 기술할 수 있는 새로운 도형이 알려지게 되었다. 프랙탈도 그런 도형 중 하나다. 지금은 프랙탈 속에 자연계의 물체나 현상이 숨어 있다고 생각할 수 있게 되었다. 프랙탈이라는 개념은 1875년부터 1925년 사이에 이루어진 수학 연구에 기초하여 탄생했다. 처음에 이들 도형은 '괴물'로 분류되어 과학적으로는 거의 가치가 없다고 판단되었다. '프랙탈'이라는 이름은 1975년에 만델브로트(Benoit Mandelbrot)에 의해 붙여졌다. 만델브로트는 이 분야에 대해 아주 광범위한 연구를 한 사람이다. 전문적으로 말하면 프랙탈이란, 확대해도 원래의 세부 구조의 모습을 잃지 않는 도형을 말한다. 잃지 않을 뿐만 아니라, 그 구조는 확대하기 전과 완전히 똑같은 모양인 것처럼 보인다. 이와 대조적인 것이 원인데, 원은 일부를 확대하면 선분이 되어 버린다. 같은 프랙탈이라도 프랙탈은 2종류로 나

눈 결정의 곡선[1]은 프랙탈의 한 예다. 이는 정삼각형의 변에 정삼각형을 덧붙여감으로써 생성된다.

눌 수 있다. 하나는 기하학적 프랙탈로써 동일한 패턴이 연속적으로 반복되는 것. 그리고 또 하나는 랜덤 프랙탈이다. 이들 "괴물"이 다시 주목을 받은 것은 컴퓨터 그래픽 덕분이다. 컴퓨터만 있으면 거의 순간적으로 화면상에 프랙탈을 생성하여 신기한 형상이나 아름다운 모양, 혹은 복잡한 지형이나 풍경을 그릴 수 있기 때문이다.

과거의 과학분야에서는 유클리드 기학학의 정형화된 도형만이 의미가 있다고 생각했는데 이들 새로운 도형이 등장함으로써 자연을 다른 각도에서 볼 수 있게 되었다. 프랙탈은 새로운 수학의 한 분야가 되었고 때로는 "자연의 기하학"이라 불리기도 한다. 그 기묘하고 오밀조밀한 형상 자체가 지진이나 수목, 나무껍질, 생강 뿌리, 해안선과 같은 자연 현상을 나타내

---

1) 자세한 것은 「눈 결정 곡선」편(246쪽) 참조

고 있기 때문이다. 프랙탈은 천문학, 경제학, 기상학, 그리고 영화 제작에도 응용되고 있다.

이는 페아노(Peano)곡선이라는 것인데 프랙탈의 한 예이면서 동시에 공간 충전 곡선의 예이기도 하다. 공간 충전 곡선에서는 주어진 영역 내의 모든 점이 다 채워지면서 공간이 점점 까맣게 변한다. 이 그림은 아직 그다지 채워지지 않은 경우다.

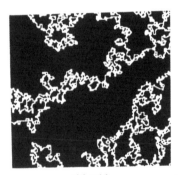

렌덤 프랙탈

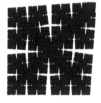

체사로(Cesaro) 곡선 – 프랙탈의 한 종류

전기 충격은 10억분의 1초에 20센티미터를 움직인다. 이 10억분의 1초를 나노세컨드라고 하는데 빛은 나노세컨드에 30센티미터를 진행한다. 오늘날의 컴퓨터는 1초에 수 백만 회의 연산을 실행할 수 있도록 만들어졌다. 대형 컴퓨터의 처리 속도가 얼마나 빠른지 실감해보기 위해 여기서는 $\frac{1}{2}$초를 예로 들어보자. $\frac{1}{2}$초 사이에 컴퓨터는 다음과 같은 업무를 완료할 수 있다.

⑴ 300개의 은행 계좌에 대해 200매의 수표를 계산하여 차변에 기입한다.

⑵ 환자 100명의 심전도를 체크한다.

⑶ 3000개의 문제에 대한 150,000개의 정답을 채점하고, 각 문제의 타당성을 검사한다.

⑷ 회사원 1000명의 회사 급여 총액을 계산한다.

⑸ 그리고 다른 업무에 대비해 시간을 비축해 둔다.

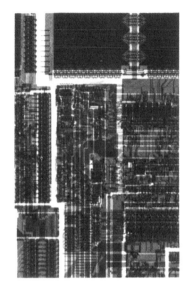

믿기 어려운 얘기지만 컴퓨터의 동력이 전기가 아니라 빛이라면 처리 속도는 얼마나 더 빨라질까? 빛을 사용하는데 수 체계가 필요할까? 빛스펙트럼의 색의 수를 기수로 삼으면 될까? 아니면 이 밖에 더 적당한 성질이 있는 것일까?

레오나르도 다 빈치는 다양한 학문 분야와 그 상관 관계에 깊은 관심을 보였다. 수학도 예외는 아니었다. 그는 수학의 다양한 개념을 회화나 건축 설계, 발명 등에 응용했다. 지오데식 돔[1]을 스케치하기도 했다. 아래 그림은 그 그림을 재현한 것이다.

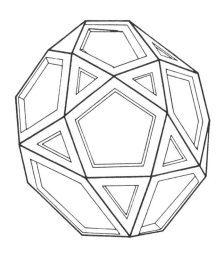

---

1) 측지선(곡면상의 2점을 최단거리로 이은 선)을 따라 직선을 연결해서 만든 돔. 가벼우면서 강성이 좋다. 개발한 사람의 이름을 따서 풀러(R. B. Fuller) 돔이라고도 한다. -옮긴이

마방진

마방진은 수백 년 동안 많은 사람을 매료시켜왔다. 아주 먼 옛날부터 초자연 현상이나 마법과 관계가 있다고 믿어져 왔고, 고대 아시아의 여러 도시 유적에서도 출토되고 있다. 심지어는 기원전 2200년경의 중국 문헌에도 마방진에 대한 기록이 남아 있을 정도다. 이 마방진은 '낙서(落書)'라고 불린다. 전설에 의하면 황허 강의 강변에 나타난 신구(神龜)의 등에 이 마방진 상이 나타나 있었는데, 그것을 처음으로 목격한 사람이 우(禹)황제였다 한다.

검은 매듭은 짝수를 흰 매듭은 홀수를 나타낸다. 이 마방진의 가로, 세로, 대각선의 수의 합이 항상 15다.

서양에서는 기원후 130년, 그리스의 수학자 테온(Theon of

Smyrna)의 저서에 처음으로 마방진에 대한 언급이 나온다. 9세기에는 점성술에도 마방진이 도입되어 아라비아의 점성술사는 별점 계산에 마방진을 사용하기도 했다. 그리고 결국, 마방진과 그 특성은 1300년경 그리스의 수학자 모스코프로스(Moschopoulos)의 저서를 통해 서양에도 널리 알려지게 되었다(특히 르네상스기).

마방진의 특성:

마방진은 몇 열 몇 행으로 구성되었느냐에 따라 분류된다. 예를 들어 이 마방진은 3행 3열이므로 3차 마방진(혹은 3방진)이라 부른다.

16	2	12
6	10	14
8	18	4

"마(魔)"방진이라 불리는 이유는 마방진이 몇몇 기묘한 특성을 갖기 때문이다. 예를 들어 보자.

⑴ 가로, 세로, 대각선, 어디를 더해도 합은 같다. 그 합이 얼마가 되는지는 마방진의 크기에 따라 결정되는데, 그 수는 이하의 방법으로 알 수 있다.

① n행 n열의 마방진이 있을 때, 가로, 세로, 대각선의 수의

합은 $\dfrac{(n(n^2+1))}{2}$가 된다. 여기서 마방진은 자연수 1,

2, 3, $\cdots n^2$으로 이루어진다.

8	1	6
3	5	7
4	9	2

3방진, 가로, 세로, 대각선의 합
$= \dfrac{3(3^2+1)}{2} = 15$

② 우선 왼쪽 귀퉁이 칸에서 시작하여, 순서대로 각 행에 숫자를 놓아 간다. 대각선상에 늘어서는 숫자의 합계가 구하는 수다. 이는 몇 차의 마방진에서도 마찬가지다.

(2) 중심으로부터 같은 거리만큼 떨어진 두 개의 수(가로, 세로, 대각선 어느 것이든)를 보수(Complements)라 한다. 마방진 내의 두 수의 합이 그 마방진의 최소의 수와 최대의 수의 합과 같을 때, 그 두 개의 수는 서로 보수가 된다.

8	1	6
3	5	7
4	9	2

이 마방진에서 보수의 조합은 8과 2,
6과 4, 3과 7, 1과 9이다.

마방진을 다른 마방진으로 변형하는 방법:

(3) 임의의 한 수를 마방진 내의 모든 다른 수와 더하거나 곱해도 그 결과는 역시 마방진이 된다.

(4) 중심에서 등거리에 있는 행과 행, 혹은 열과 열을 바꿔도

그 결과는 역시 마방진이 된다.

(5) ① 짝수차 마방진에서는 사분 공간과 사분 공간을 바꿔도 그 결과는 마방진이 된다.

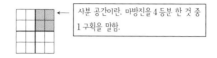

사분 공간이란, 마방진을 4등분 한 것 중 1구획을 말함.

② 홀수차 마방진에서는 불완전 사분 공간과 불완전 사분 공간을 바꿔도 그 결과는 마방진이 된다.

많은 수학적 놀이가 있지만 마방진만큼 다양한 문헌에 소개된 것도 없다. 예를 들면, 벤자민 프랭클린(Benjamin Franklin) 도 상당한 시간을 들여 마방진 만드는 법을 고안했다고 한다.

1에서 25까지의 자연수를 5행 5열로 나열한 상태에서 가로, 세로, 대각선 어디를 더해도 합이 같도록 만들기는 상당히 어렵다. 이러한 마방진을 5방진이라고 한다. 행(혹은 열) 수가 홀수라면 홀수차 마방진, 짝수라면 짝수차 마방진이라고 한다. 행, 열수에 관계없이 항상 들어맞는 범용적인 짝수차 마방진을 만드는 방법은 아직 발견되지 못했다. 한편 홀수차 마방진의 경우에는 행, 열수가 얼마이든 사용 가능한 범용적인 예

가 다수 존재한다. 다음에 소개하는 것은 라 루베르(La Loubere)
가 고안한 "계단법"인데, 마방진 팬이라면 대부분이 알고 있
는 방법이다. 다음 페이지의 그림은 이 계단법으로 3행 3열의
마방진을 만드는 방법이다.

계단법으로 3행 3열의 마방진 만드는 법:

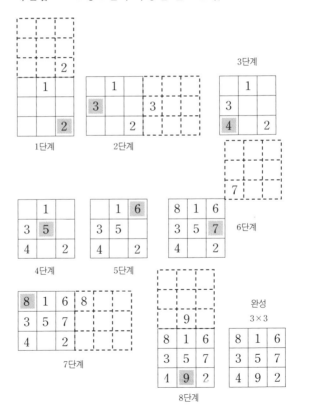

계단법:

(1) 우선, 가장 위의 행 정가운데 칸에 1을 넣는다.

(2) 다음 수는 바로 대각선 방향으로 오른쪽 위 칸에 넣는다(그 칸이 아직 차지 않았다면). 이때, 그 칸이 마방진에서 벗어나면 그곳에 가상의 방진이 있다고 생각하고(그림 참조), 지금 만들고 있는 마방진과 그 가상 방진을 겹쳤을 때의 해당 칸에 그 수를 적어 넣는다.

(3) 바로 대각선 방향으로 위에 있는 칸이 차있을 때는 바로 아래 칸에 적어 넣는다. 예를 들면, "4"와 "7"처럼.

(4) 단계 (2)와 (3)을 반복하면서 나머지 수를 모두 적어 넣어간다.

자, 그림 1에서 25까지의 자연수와 계단법을 이용하여 5행 5열의 마방진을 만들어 보자. 완성되면 완성된 마방진으로 마방진을 변형시키는 방법을 시도해보자.

자신이 만든 마방진을 이용해 각각의 수에 좋아하는 양수를 곱해 보자. 완성된 것이 정말 마방진인지 확인해 보자.

짝수차 마방진에 대해서는 여러 가지 특정차 마방진을 만드는 방법이 고안되어 있다.

예: 이 대각선법은 4행 4열의 마방진에서만 유효한 방법.

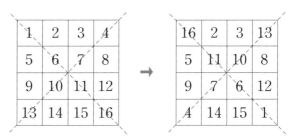

만드는 법:

우선 마방진 칸에 순서대로 숫자를 채워간다. 다음에 대각선상의 칸에 적어 넣은 수를, 그 보수와 바꾼다.

4행 4열의 마방진에서는 행과 행을 바꿔도 그 결과는 마방진이 된다. 또한 사분 공간과 사분 공간을 바꿔도 역시 결과는 마방진이 된다.

다른 짝수차 마방진도 만들어 보자. 혹은 어떤 짝수차 마방진에도 들어맞는, 범용적인 제작 방법을 발견할 수 있는지 시도해 봐도 좋다.[1]

---

1) 많은 사람이 엄청난 시간과 노력을 들여 짝수차 마방진의 범용적인 작성법을 개발하려 했다. 뉴저지주 하우웰의 한 회사는 짝수차 마방진 제작 방법을 고안했다고 주장하고 있다. 홀수차 마방진에 대해서는 범용적인 제작 방법이 다양하게 고안되어 있으므로 이를 찾아 봐도 재미있을 것이다.

"특수한" 마방진

피보나치의 수열 1, 1, 2, 3, 5, 8, 13…의 각 항은 앞의 2항의 합으로 이루어져 있다. 자연수 1, 2, 3, 4, 5, 6, 7, 8, 9로 이루어지는 마방진 배열을 힌트 삼아, 피보나치의 수 3, 5, 8, 13, 21, 34, 55, 89, 144로 방진을 만들어 보자. 이 방진은 일반적인 마방진의 특성은 갖고 있지 않으나 3개의 행의 곱의 합(9078＋9240＋9360＝27,678)은 3개의 열의 곱의 합(9256＋9072＋9350＝27,678)과 같다.

8	1	6
3	5	7
4	9	2

89	3	34
8	21	55
13	144	5

중국의
삼각형

수학은 만국 공통이다. 역사를 보면 알 수 있듯이 수학의 응용이나 발견은 한 지역에만 국한되어 있지는 않다. 예를 들면 밑에

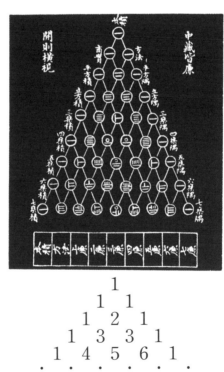

```
            1
          1   1
        1   2   1
      1   3   3   1
    1   4   5   6   1
    ·   ·   ·   ·   ·   ·   ·
```

서 예로 든 것은, 중국판 파스칼의 삼각형이다. 파스칼은 숫자를 나열한 삼각형을 통해 몇몇 중요한 발견을 했는데, 그 삼각형 자체는 1303년경, 파스칼이 태어난 해보다도 302년이나 전에 인쇄된 책에 실려 있었다.[1]

---

1) 「파스칼의 삼각형」 (78, 215쪽)참조

아르키메데스의
죽음

시라크사의 아르키메데스
(기원전 287~212)는 헬레니즘 시대
의 중요한 수학자이다.

기원전 214년부터 212년, 제2차 포에니 전쟁 때, 시라크사는 로마군에 의해 포위를 당했다. 이 때 아르키메데스는 천재적인 방위병기—투석기, 복합 도르래(이를 이용하여 로마 군함을 들어 올려 전복시켰다고 함), 반사경(햇빛을 모아 군함에 불을 질렀다고 함)—을 발명하여, 로마군을 막아내는데 공헌했다. 덕분에 3년 가까이 견뎠지만 결국 시라크사는 로마군에 항복하고 말았다.

당시 로마군 사령관이던 마르크스 클라디우스 마르케르스는 특별 지령을 내려 아르키메데스가 다치지 않게 주의하도록 했다. 그러나 한 로마 군인이 아르키메데스 집에 침입했을 때, 그것도 눈치 채지 못하고 수학 문제에 열중하고 있던 그는, 병사가 멈추라고 명령을 해도 꿈쩍하지 않았고, 그로 인해 화가 난 병사에 의해 죽임을 당했다고 한다.

비유클리드
기하학의 세계

19세기는 정치, 미술, 과학 분야에서 혁명적인 사상이 대두된 시대였다. 수학 분야도 예외는 아니어서 이 시기에 비유클리드 기하학이 발전했다. 인상파 회화가 현대 미술의 탄생을 의미한 것과 마찬가지로 비유클리드 기하학의 발전은 현대 수학의 탄생을 의미한다.

이 시기에 러시아의 수학자 니콜라이 로바체프스키(Nicolai Lobachevsky, 1793~1856)와 헝가리의 수학자 야노스 보야이 (Johann Bolyai, 1802~1860)는 각각 개별적으로 쌍곡 기하학(비유 클리드 기하학의 한 부분)을 발견했다.

푸앵카레의 쌍곡 기하학 모델에
의한 추상적 디자인

    비유클리드 기하학의 예를 들면서 쌍곡 기하학이 빠지지 않는다는 점은 언뜻 생각하기에는 이해가 되지 않는다. 그렇지만 이는 기하학하면 무의식중에 유클리드기하학이 떠오르기 때문이다. 예를 들면 쌍곡 기하학에서는 '직선'은 곧지 않고, '평행선'은 그 폭이 일정하지 않다(접근선이므로 교차되는 일은 없지만). 그렇지만 자세히 공부해 보면 사실, 비유클리드기하학은 이 우주 현상을 보다 더 정확하게 파악하고 있지 않나 싶다. 즉, 이들 기하학은 그 기하학이 성립되는 "다른 세계"를 기술하고 있는 것이다.

    그 좋은 예가, 프랑스의 수학자 앙리 푸앵카레(Henri Poincaré, 1858~1912)가 창조한 모델이다. 그 모델은 우주는 원(3차원 모델에서는 구로 표현됨)으로 한정되어 있고, 중심의 온도가 가장 높으며, 중심에서 멀어질수록 온도는 내려가다가 경계에서는 절대영도가 된다. 이 우주에 존재하는 사물이나 사람은 그 온도변화를 느끼지 못하지만 이동함에 따라 모든 것들의 크기가 변한다는 것이다. 즉, 물체든 생물이든 중심으로 다가가면 팽창하고 경계로 다가가면 그에 비례하여 수축되는 것이다. 그러나 '모든 것'의 크기가 변하기 때문에 사람들은 그 변화를 느끼지 못한다. 따라서 이 세계에서는 경계에 가까워질수록 보폭이 작아지므로 아무리 걸어도 경계에 다가갈 수가 없다. 때문에 세계는 무한한 것처럼 보이고 2점 사이의 최단거리는 곡선이 된다. 왜냐하면 A점에서 B점에 도달하기 위해서는 중심을 향하는 호를 그리는 편이 훨씬 더 발걸음 수를 줄일 수 있기(중심으로 다가갈수록 보폭이 커지므로) 때문이다. 이 세계에서는 아래 그림의 삼각형 ABC처럼 삼각형의 변은 원호로 이루어진다. 평행선조차 달리 보인다. 선분 DCE는 선분 AB와 평행이다. 왜냐하면 이 2선은 영원히 만나지 않기 때문이다.

푸앵카레의 우주가 우리가 살고 있는 이 세계의 진짜 모습일 가능성도 있다. 우주 안에서 차지하는 내 위치를 볼 수 있다면, 그리고 광년 단위의 거리를 이동할 수 있다면 아마 사람들은 물리적인 크기가 변한다는 사실을 깨달을 것이다. 실제로 '아인슈타인의 상대성 이론'에 따르면 자의 길이는 광속에 다가갈수록 짧아진다!

푸앵카레는 '지(知)의 선구자'였다. 파리의 소르본 대학에서 학생들을 가르치던 시절(1881~1912), 강의의 주제로 삼았던

앙리 푸앵카레

다양한 테마가 그 증거다. 그의 연구나 발상의 대상은 전기, 잠재 이론, 유체 역학, 열역학, 확률, 천체 역학, 발산하는 무한 급수, 점근전개, 적분 불변식, 궤도의 안정성, 천체의 형상 등, 실로 다양한 분야에 걸쳐 있었다. 푸앵카레의 업적은 문자 그대로, 20세기 수학의 발전을 견인했다고 할 수 있다.

탄환과 피라미드

제곱수, 피라미드 수, 그리고 그 합을 사용하면, 밑면이 정사각형인 피라미드를 이루는 탄환의 수를 구할 수 있다.

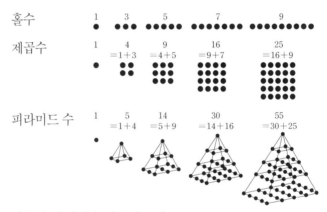

홀수	1	3	5	7	9

제곱수	1	4 $=1+3$	9 $=4+5$	16 $=9+7$	25 $=16+9$

피라미드 수	1	5 $=1+4$	14 $=5+9$	30 $=14+16$	55 $=30+25$

이들 수의 패턴을 이해해 보자.

오른쪽 그림처럼 탄환을 쌓는다면, 탄환은 몇 개가 필요할까?

수학에서는 어떤 문제의 해답을 구하는 과정에서 새로운 개념을 정립하거나 발견을 하는 경우가 종종 있다. 고대 그리스의 3대 작도 문제―각의 3등분 문제(주어진 각을 3개의 같은 각으로 분할하는 것), 정육면체의 배적문제(주어진 정육면체의 2배의 부피를 갖는 정육면체를 구하는 문제), 원적문제(주어진 원과 넓이가 같은 정사각형을 구하는 문제)―는 수학자들로 하여금 많은 도전을 하게 하였고, 답을 구하는 과정에서 많은 아이디어가 발견되었다. 자와 컴퍼스만으로는 해결이 불가능하다는 것이 이미 증명되었지만, 각의 3등분 문제와 배적문제는 다른 수단으로 해결되었다. 그 해법 중 한 가지가 "콘코이드(Conchoid)"다.

콘코이드란, 니코메데스(Nicomedes, 기원전 200년경)에 의해 만들어진 고대 곡선 중 하나인데, 배적 문제 및 각의 3등분 문제를 푸는데 사용된다.

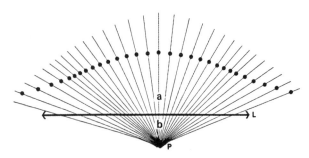

콘코이드를 그리기 위해서는 우선 직선 L과 점 P를 그린다. 다음으로 P를 지나 L과 교차하는 반직선을 방사상으로 그린다. 이 반직선 한 줄 한 줄에, 직선 L로부터 일정거리(여기서는 a)의 위치에 점을 찍는다. 이들 점이 그리는 궤적이 콘코이드다. 콘코이드의 곡률은 a와 b의 관계, 즉 $a=b$, ab, ab에 의해 결정된다. 콘코이드의 극방정식은 $r=a+b\sec\theta$이다.

∠P를 3등분 하려면 우선, ∠P를 직각삼각형 QPR의 예각 중 하나로 삼는다. 극점을 P라 하고, 직선 $\overleftrightarrow{QR}$을 고정된 직선 L로 삼아 콘코이드를 그린다. 직선 L로부터의 거리로는 $2h$ 즉, 빗변 $|PR|$의 2배를 이용한다. 점 R에서 $\overline{PS}$에 직교하는 $\overline{QR}$을 그려 콘코이드의 교점 S를 구한다. 이때, ∠QPT가 ∠QPR의 $\frac{1}{3}$이 된다는 것을 증명하자.

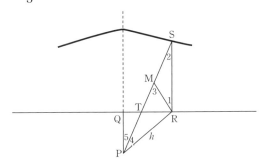

증명:

$\overline{\mathrm{TS}}$의 중점을 M이라 하면 콘코이드의 정의에 따라 $|\mathrm{TM}|=|\mathrm{SM}|=h$이다. $\triangle \mathrm{SRT}$는 직각삼각형이므로 빗변의 중점은 3개의 꼭짓점으로부터 등거리에 있다. 따라서, $|\mathrm{RM}|=h$가 성립된다.

여기서, $|\mathrm{MS}|=|\mathrm{MR}|=h$이므로, $m\angle 1=m\angle 2=k°$이라 하자. 또한 $\angle 3$은 삼각형 SMR의 외각이므로, $m\angle 3=2k°$가 된다. 또한, $|\mathrm{MR}|=|\mathrm{PR}|=h$이므로, $m\angle 3=m\angle 4=2k°$이다.

선분 $\overline{\mathrm{PQ}}$와 $\overline{\mathrm{RS}}$는 동일 평면상에 있으면서 직선 $\overleftrightarrow{\mathrm{QR}}$에 직교하기 때문에, $\overline{\mathrm{PQ}}/\!\!/\overline{\mathrm{SR}}$가 성립되므로 $m\angle 5=m\angle 2=mk°$이다.

따라서, $m\angle \mathrm{QPR}=3k°$이며, $\dfrac{1}{3}(m\angle \mathrm{QPR})=k°=m\angle 5$이다.

그러므로 $\angle \mathrm{QPR}$이 삼등분되었다.

세 잎 매듭

어렸을 때, 구두 끈 매는 법을 익히던 날부터 대부분의 사람들은 종종 끈을 묶으며 살고 있을 것이다. 말 할 필요도 없지만, 끈을 묶는 것은 고도의 기술이라고도 할 수 있다. 선원이 배를 선착장에 정박시키는 것을 본 적이 있는 사람은 알 것이다. 그러나 매듭이라는 테마는 아직, 위상기하학 분야에서는 수학적인 문제이기도 하다. 매듭 이론은 비교적 새로운 연구 분야이기도 하여 지금까지 증명된 가장 귀중한 개념은, "3차원을 넘는 차원에서는 매듭은 존재할 수 없다"는 것이다.

세 잎 매듭을 만들어 보자.

오른쪽 그림과 같은 세 잎 매듭을 만들려면 우선 길고 가는 종이 조각을 세 번 연속 반만 꼰 다음, 끝과 끝을 테이

프로 붙인다. 가위를 사용하여 종이 정가운데를 끝에서 끝까지 자른다. 그러면 세 잎 매듭이 있는 고리가 한 개 탄생하게 된다.

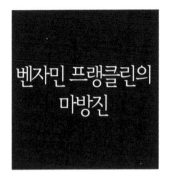

벤자민 프랭클린의 마방진

벤자민 프랭클린의 마방진에는 일반적인 마방진의 특성[1]은 물론, 다양한 수의 신비가 엿보인다. 각 행 각 열의 합은 260, 반까지의 합은 모두 130. 회색으로 그린 빗금을 따라 대각선 위로 4개, 대각선 아래로 4개를 더하면 합계는 260(상단, 하단의 빗금으로는 4개가 안 되지만, 부족한 부분은 더해서 4개가 되는 빗금으로 보충하면 된다. 예를 들면, 하단에 숫자가 1개씩 밖에 없는 빗금 49와 48에는 수가 3개씩 밖에 없는 하단의 빗금, 1+2+56, 41+31+32를 더하든가 아니면, 마찬가지로 수가 3개씩 있는 상단의 빗금, 53+3+4, 29+30+44를 더한다). 중심에서 같은 거리에 있는 임의의 4개의 수를 더하면 합은 130. 짝수 4칸과 중심의 4칸의 합은 260. 작은 방진(2행 2열)의 4개의 수의 합은 130.

---

1) 「마방진」편(140쪽) 참조

52	61	4	13	20	29	36	45
14	3	62	51	46	35	30	19
53	60	5	12	21	28	37	44
11	6	59	54	43	38	27	22
55	58	7	10	23	26	39	42
9	8	57	56	41	40	25	24
50	63	2	15	18	31	34	47
16	1	64	49	48	33	32	17

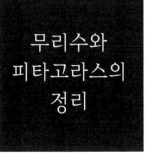

무리수란 유한소수로도 순환소수로도 나타낼 수 없는 수를 말한다.

예: $\sqrt{2},\ \sqrt{3},\ \sqrt{5},\ \pi,\ \sqrt{45},\ e,$ $\sqrt{235},\ \phi\ \cdots$

무리수를 소수로 나타내면, 순환하지 않는 무한소수가 된다.

예:		
$\sqrt{2}$	$\approx$	$1.41421356\cdots$
$\sqrt{235}$	$\approx$	$15.3297097\cdots$
π	$\approx$	3.141592653
e	$\approx$	$2.71828182\cdots$
ϕ	$\approx$	$1.61803398\cdots-$황금비

수학자들은 옛날부터 무리수를 좀 더 정확한 소수로 나타내기 위해 많은 방법을 고안해 왔다. 그리고 수천 년이나 걸려 겨우 고성능의 컴퓨터와 무한급수의 힘으로 원하는 자릿수까지 정확하게 어림수를 구할 수 있게 되었다. 여기에 이르기까지 소비된 시간과 노력을 생각하면 믿어지지 않는 이야기지

만, 대부분의 무리수에 대해서는 피타고라스의 정리를 활용해 수직선(數直線)상의 위치를 정확하게 구할 수 있다. 고대 그리스의 수학자들은 피타고라스의 정리를 증명했고[1] 또한 그를 이용하여 정확한 무리수의 길이를 구했다.

$\sqrt{2}, \sqrt{3}, \sqrt{4}, \sqrt{5}, \sqrt{6}, \sqrt{7}\cdots$의 수직선(數直線)상의 위치를 구하기 위해서는 빗변이 이 길이가 되는 직각 삼각형을 그리면 된다. 그때 컴퍼스를 이용하여 그림과 같이 수직선(數直線)과 교차하는 호를 그린다.

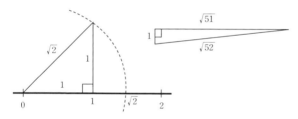

그림에서 알 수 있듯이 $\sqrt{52}$를 구하려면 $\sqrt{51}$과 1을 사용하든지, 예를 들면 7과 $\sqrt{3}$ 같은 조합을 이용하여 작도하면 된다.

---

1) 「피타고라스의 정리」편 (19쪽)참조. π와 e는 자와 컴퍼스로는 구할 수 없다는 사실에 주의. 이 두 가지는 무리수가 아니라, 초월수이기 때문이다.

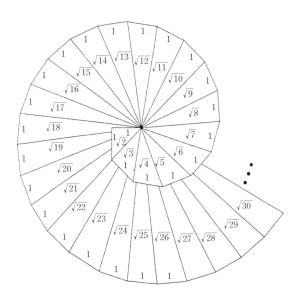

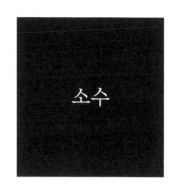

어떤 수가 1보다 큰 자연수
이면서 1과 그 자신 외에는 약수
를 갖지 않을 때 이 수를 소수라
한다.

1978년 10월 30일 오후 9시, 알려진 소수로서는 당시 최대
의 수가 발견되었다. 위의 그림이 바로 그것이다. 컴퓨터 실행

에 1800시간이 걸렸고, 로라 닛켈(Laura Nickel)과 커트 놀(Curt Noll)(둘 다 캘리포니아주 헤이워드 고교생)이 발견한 것으로, $2^{21701}-1$이라고 쓴다. 커트 놀은 그 후 혼자 계속 계산을 시도하여 몇 달 후에 보다 더 큰 소수, $2^{23209}-1$을 발견했다. 또한 1979년 5월, 리버모어 연구소의 해리 넬슨(Harry Nelson)은 놀이 발견한 소수보다 훨씬 더 큰 소수, 즉 $2^{44497}-1$을 발견했다.

오늘날은 컴퓨터 프로그램으로 소수를 발견하지만, 그리스

에라스토테네스의 체

의 수학자 에라스토테네스(Eratosthenes, 기원전 275~194)는, 주어진 수보다 작은 소수를 모두 찾아내는 '체 방법'을 고안해 냈다. 아래의 그림은 100보다 작은 소수에 ○표시를 한 것이다.

방법:

(1) 1은 소수가 아니므로 ×로 지운다.

(2) 2에 ○표를 한다. 2는 양수 가운데 가장 작은 짝수인 소수다. 다음으로 그 뒤에 이어지는 수를 하나 건너마다 모두 지운다(2의 배수이므로).

(3) 다음 소수인 3에 ○표를 한다. 다음으로 그 뒤에 이어지는 수를 이번에는 2개 건너마다 모두 ×표로 지운다(3의 배수이므로). 2의 배수이기 때문에 이미 지워진 수도 있지만 신경 쓰지 않아도 된다.

(4) 그 다음에 나타나는 아직 아무 표시도 없는 수(여기서는 5)에 ○표를 한다. 다음으로 그 뒤에 이어지는 수를 4개 건너마다 ×표로 지워 간다.

(5) 100까지 모든 수에 ○ 혹은 ×표가 될 때까지 이 방법을 반복한다.

황금
직사각형

황금 직사각형은 상당히 아름
다우면서 흥미로운 수학적 도형으
로, 수학적 범위를 넘어 다양한 분
야에 침투해 있다. 회화, 건축, 자
연, 심지어는 광고 분야에서도 발견할 수 있으니 그 인기는 우
연이 아닐 것이다. 심리학적 조사에 따르면 황금 직사각형은
사람의 눈에 가장 기분 좋아 보이는 사각형 중 하나라고 한다.

기원전 5세기, 고대 그리스의 건축가들은 이것이 조화로운
건축물을 건조하는데 도움이 된다는 사실을 알고 있었다. 파
르테논 신전을 보면, 일찍부터 황금 직사각형이 건축에 이용
되었음을 알 수 있다. 고대 그리스인들은 황금비에 대해 알고
있었기에 그 작도법과 근사치 구하는 법, 그리고 그것을 이용
하여 황금 직사각형을 그리는 법을 숙지하고 있었다. 황금비
ϕ(파이)라는 문자가 유명한 그
리스의 조각가 페이디아스
(Pheidias)의 첫 글자인 것은 우
연이 아니다. 페이디아스는 작

그리스 아테네의 파르테논 신전

품에 황금비와 황금 직사각형을 응용했다고 한다. 피타고라스 교단이 오망성을 교단의 상징으로 삼은 것은 그것이 황금비와 관련이 있기 때문인지도 모른다.

황금 직사각형은 건축뿐만 아니라 회화에서도 발견할 수 있다. 1509년 루카 파치올리가 쓴『신성비례론』의 삽화에는 레오나르도 다 빈치가 인체 구조에서 발견해 낸 황금비가 나온다. 미술 분야에서는 황금비에 기초하여 그림 그리는 방법을 좌우대칭(dynamic symmetry)라고 부른다. 알브레히트 뒤러, 죠르쥬 쉐라, 피에트 몬드리안, 레오나르도 다 빈치, 살바도르 달리, 조지 벨로스 등은 모두 좌우대칭을 위해 황금 직사각형을 이용한 작품을 그렸다.

『아니에르에서의 물놀이』
프랑스의 인상파 화가 죠르쥬 쉐라(1859~1891)의 작품. 3개의 황금 직사각형을 발견할 수 있다.

주어진 선분 AC 상에서 기하평균을 구하면 선분을 황금비[1]
로 분할 할 수 있다. 즉

$$\left(\frac{|\mathrm{AC}|}{|\mathrm{AB}|}\right) = \left(\frac{|\mathrm{AB}|}{|\mathrm{BC}|}\right)$$가 성립된다.

이 때 $|\mathrm{AB}|$를 황금 분할, 황금비, 혹은 황금률이라고 한다.

A   B   C
———————————————————

선분을 황금비로 분할하면 아래와 같이 쉽게 황금 직사각
형을 작도할 수 있다.

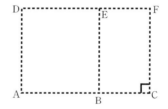

(1) 임의의 선분 $\overline{\mathrm{AC}}$를 황금비에 따라 점 B로 분할하면 정사
   각형 ABED를 작도할 수 있다.

(2) 선분 $\overline{\mathrm{AC}}$에 대해 직각으로 선분 $\overline{\mathrm{CF}}$를 그린다.

(3) 반직선 $\overrightarrow{\mathrm{DE}}$를 연장하여 직선 $\overleftrightarrow{\mathrm{DE}}$가 직선 $\overleftrightarrow{\mathrm{CF}}$와 교차하

---

1) 황금비의 값을 구하기 위해서는 $\left(\frac{1}{x}\right) = \frac{x}{(1-x)}$ 를 풀어야 한다.

   여기서 $x = |\mathrm{AB}|$, $|\mathrm{AC}| = 1$, $|\mathrm{BC}| = (1-x)$이다.

   황금비 $\frac{|\mathrm{AC}|}{|\mathrm{AB}|}$ 혹은 $\frac{|\mathrm{AB}|}{|\mathrm{BC}|}$를 구하면 답은 $\frac{1+\sqrt{5}}{2}$로 약 1.6이 된다.

는 점을 F라 하자. 이 때 ADFC는 황금 직사각형이다.

미리 황금비로 선분을 분할하지 않아도 황금 사각형은 아래와 같이 작도할 수 있다.

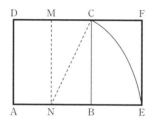

⑴ 임의의 직사각형 ABCD를 그린다.

⑵ 선분 $\overline{\text{MN}}$으로 그 직사각형을 2등분한다.

⑶ 컴퍼스를 사용하여 중심을 N, 반지름을 |CN|으로 하는 원호 $\overarc{\text{EC}}$를 그린다.

⑷ 반직선 $\overrightarrow{\text{AB}}$를 연장하여 그 원호와 교차하는 점을 E라 한다.

⑸ 반직선 $\overrightarrow{\text{DC}}$를 연장한다.

⑹ 선분 $\overline{\text{AE}}$에 대해 수직인 선분 $\overline{\text{EF}}$를 그리고, 반직선 $\overrightarrow{\text{DC}}$가 반직선 $\overrightarrow{\text{EF}}$와 교차하는 점을 F라 한다. 이때, ADFE는 황금 직사각형이다.

황금 직사각형은 또한 자기 생성도 가능하다. 황금 직사각형 ABCD가 있을 때, 다음 그림처럼 정사각형 ABEF를 그리면 황금 직사각형 ECDF를 쉽게 작도할 수 있다. 또한, 마찬가지로 정사각형 ECGH를 그리면 황금 직사각형 DGHF를 쉽게 그릴 수 있다. 이 과정을 무한히 반복할 수도 있다.

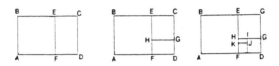

이렇게 이레코 상자[1]처럼 무한히 많은 황금 직사각형을 작도하면 그것을 이용해 등각나선(로그나선이라고도 함)을 그릴 수 있다. 황금 직사각형 안의 정사각형을 이용해 컴퍼스로 사분원을 작도해 나가면 그 원호들은 등각나선을 이룬다.

황금 직사각형을 이용하여 반복적으로 다른 황금 직사각형을 만들어 낼 수 있고, 그에 따라 등각나선의 외곽이 생성된다. 그림의 대각선의 교점은 나선의 극, 즉 중심이다.
점 O는 나선의 중심이다.
중심점 O와 나선상의 임의의 점을 끝점으로 하는 선분을 나선의 반지름이라고 한다.
나선상의 한 점을 지나는 접선과 반지름이 이루는 각도(예를 들면 T_1P_1O)가 모두 같을 때, 그

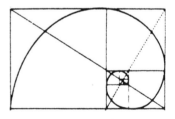

---

1) 入れ子箱: 상자 안에 또 상자가 들어있고 또 그 안에 상자가 들어있는 겹겹이 상자 −옮긴이

나선을 등각나선이라고 한다.

등각나선은 로그나선이라고도 하는데, 이는 그 나선이 기하급수적 즉, 어떤 수의 거듭제곱 배씩 커지기 때문이다. 거듭제곱 혹은 멱(冪)지수는 로그의 또 다른 이름이다.

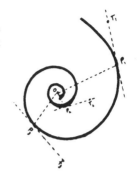

크기가 커져도 모양이 변하지 않는 것은 등각나선뿐이다.

자연계에는 정사각형, 육각형, 원, 삼각형 등 다양한 형상이 있는데 그 중에서도 특히 보기에 좋은 것이 황금 직사각형과 등각나선이다. 등각나선과 황금 직사각형은 불가사리, 조개, 암모나이트, 앵무조개, 풀씨가 붙어 있는 모습, 솔방울, 파인애플, 달걀 모양에서도 찾아볼 수 있다.

마찬가지로 흥미로운 것은 황금비가 피보나치의 수열 $(1, 1, 2, 3, 5, 8, 13, \cdots, [F_{n-1} + F_{n-2}], \cdots)$와 관계가 있다는 점이다. 피보나치 수열에서 이웃하는 2항의 비로 수열을 만들면, 그 극한은 황금비 ϕ가 된다.

$$\frac{1}{1}, \frac{2}{1}, \frac{3}{2}, \frac{5}{3}, \frac{8}{5}, \frac{13}{8}, \frac{21}{13}, \frac{34}{21}\cdots, \frac{F_{n+1}}{F_n} \to \phi$$

$$1, \; 2, \; 1.5, \; 1.6, \; 1.625, \; 1.\overline{615384}, \; 1.\overline{619047}, \; \cdots$$

$$\phi = \frac{1+\sqrt{5}}{2} \approx 1.6$$

황금 직사각형은 회화, 건축, 자연 속에서 발견할 수 있을 뿐만 아니라, 오늘날에는 광고나 판촉에도 이용되고 있다. 대부분의 상품 상자들이 황금 사각형인 것은 아마 소비자의 미적 감각에 호소하기 위함일 것이다. 표준적인 신용카드도 황금 직사각형에 가까운 비율로 디자인 되어 있다.

황금 직사각형은 또한 다양한 수학적 개념과도 관계가 있다. 예를 들면, 대수, 내접정십각형, 플라톤의 다면체, 등각나선과 로그나선, 극한, 황금 삼각형, 오망성 등이 그것이다.

3·4 플렉사곤 (6면체)

넓은 의미에서는 플렉사곤은 일종의 위상기하학적 퍼즐이라 할 수 있다. 플렉사곤은 종이로 만드는 도형이지만 접는 방법에 따라 표면에 드러나는 얼굴을 다양하게 변화시킬 수 있다.

아래 예로 든 그림은 3·4 플렉사곤이다. 여기서 3은 표면의 수(1111, 2222, 3333의 3종류), 4는 면의 수를 말한다.

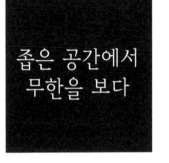

좁은 공간에서 무한을 보다

무한을 상상할 수 있겠는가? 무한이란 끝없는 양을 말한다. 무한의 개념을 파악하기는 어렵다. 7이라는 수가 7개의 사과를 나타낸다든가, 10억 (즉, 1,000,000,000)이라는 수가 술 단지 안의 모래알의 나타낸다는 얘기는 금방 이해할 수가 있다. 그러나 무한량에는 끝이 없다. 그런데 무한을 실감나게 이해할 수 있는 아주 재미있는 방법이 있다. 커다란 거울 정면에 또 다른 작은 거울을 들고 서보자. 그러면 거울 안에 거울 안에 거울 안에 거울……과 같은 식으로 끝없이 이어진다.

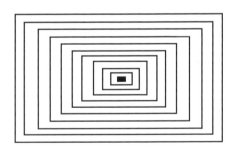

무한량이라 하면 굉장히 광대한 공간을 차지할 것이라 생

각하기 쉽다. 그러나 이 짧은 선분 AB, A _____ B 상에도 무한한 수의 점이 존재한다.

자, 증명해 보자. 임의의 두 점 사이에는 또 다른 한 개 점이 반드시 존재한다. 그렇다면 점A와 점 B가 선분 위에 있을 때, 그 사이에는 점 C가 존재한다. 그러나 점 A와 C 사이에도 역시 다른 점이 존재하고, 점 C와 B 사이에도 다른 점이 존재한다. 어떤 두 점 사이에도 반드시 다른 점이 존재하기 때문에 몇 번이나 반복해도 끝이 없게 된다. 따라서 선분 AB상에는 무한한 개수의 점이 존재하는 것이다.

또한, 무한을 설명하기 위해 벼룩 얘기를 인용하는 방법도 있다.

반쪽이 벼룩이 반대편 벽까지 뛰어가고 싶어 한다. 그런데 매번 남은 거리의 반 밖에 뛰지 않겠다고 약속한다면 아무리 시간이 흘러도 반대편 벽에는 도달할 수 없을 거라고 친구들이 말한다. 반쪽이 벼룩은 그럴 리 없다, 쉽게 도착할 수 있다, 라고 말한다. 벼룩은 먼저 전체 거리의 반을 뛰고, 남은 거리의 반을 뛰고, 또 남은 거리의 반을 뛰고⋯⋯반대편 벽이 바

로 코앞에 있어도 규칙은 규칙이다. 한 번 점프할 때
는 남은 거리의 반 이상 뛰어서는 안 되는 것이다. 결
국 벼룩은 깨닫는다. 아무리 뛰어도 남은 거리는 없
어지지 않고, 언제까지고 그 남은 거리를 뛰어야 한
다는 사실을. 결국 벼룩이 포기할 때까지 점프는 영
원히 계속될 것이다.

무한은 숫자로는 표현할 수 없는 끝없는 양이지만 광대한
공간은 물론이거니와 아주 좁은 공간 안에 갇혀 있는 경우도
있는 법이다.

플라톤의 다면체란 모든 면
이 평면이면서 합동인 정다각형
으로 이루어진 凸형 입체를 말한
다. 이런 다면체는 5종밖에 없다.

입체라는 말은 3차원인 모든 물체를 말한다. 예를 들면, 바위나 콩, 지구, 피라미드, 상자, 육면체 등은 모두 입체다. 이 입체 중에 정다면체라 불리는 아주 특수한 한 무리가 있는데, 이를 발견한 것은 고대 그리스의 철학자 플라톤이었다. 정다면체란 모든 면의 형태와 크기가 같은 입체를 말한다. 따라서 모든 면이 같은 크기의 육면체로 되어 있기 때문에 정육면체는 정다면체다. 그러나 오른편 그림의 상자는 정다면체가 아니다. 모든 면이 같은 크기의 사각형이 아니기 때문이다. 플라톤은 凸형의 정다면체는 5종밖에 없다는 것을 증명했다. 그 5종이란, 사면체, 육면체, 팔면체, 십이면체, 이십면체이다.

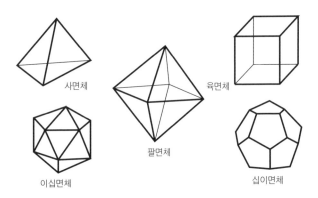

사면체

육면체

팔면체

이십면체

십이면체

아래 그림은 이 5종 다면체의 전개도다. 그림을 오려내고 접어서 3차원 입체를 만들 수 있는지 시험해 보자.

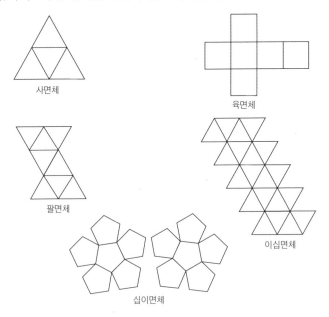

사면체

육면체

팔면체

이십면체

십이면체

피라미드법이란 홀수차 마방진을 만드는 방법 중 한 가지다. 아래 그림은 5행 5열의 마방진을 만드는 예다.

피라미드법으로 만든 마방진

방법 :

⑴ 1~25의 숫자를 아래 그림처럼 대각선으로 순서에 맞게 나열한다.

⑵ 마방진 바깥, 가상의 방진에 쓰여진 숫자는 마방진 안의 해당 칸으로 옮겨 놓는다(옮긴 숫자는 하얀 숫자로 표시).

				5			
			4		10		
		3	16	9	22	15	
	2	20	8	21	14	2	20
1		7	25	13	1	19		25
	6	24	12	5	18	6	24
		11	4	17	10	23	
			16		22		
				21			

케플러·푸앵소의 입체

5종의 플라톤 다면체는 플라톤의 발견이라 하고, 아르키메데스의 입체는 아르키메데스의 발견이라 한다. 그러나 여기서 소개하는 凸형이 아닌 입체 4종은, 고대에는 알려지지 않았던 것들이다. 우선, 케플러가 1600년대 초반에 2종을 발견했고, 루이 푸앵소(Louis Poinsot, 1777~1859)가 그 2종을 재발견한 후에, 1809년에는 새로 2종을 추가 발견했다. 오늘날 이 입체는 전등이나 전등갓 등에 흔히 이용되고 있다.

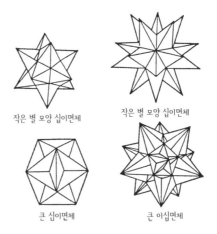

작은 별 모양 십이면체

작은 별 모양 십이면체

큰 십이면체

큰 이십면체

**가짜
나선의 착시**

아래 그림은 나선처럼 보이지만 자세히 보면 동심원의 집합체다. 이 "방향의 단위"[1]에 의한 착시를 발표한 것은 제임스 프레이저(James Fraser)인데, 1908년 1월,「영국 심리학 저널」 지상에 처음으로 발표했다. 이 그림은 "비꼰 끈" 효과라 부르는 경우

---

1) 기존의 착시도는 연속적인 선을 이용했는데 이 그림의 "선"은 시각적으로 확실히 구별할 수 있는 동일한 조각들로 연결되어 있다. 프레이저는 이 하나하나의 조각을 "방향의 단위"라고 표현했다. ―옮긴이

도 많다. 대조적인 색깔의 끈 2가닥을 꼬아서 1가닥으로 만들고, 그것을 다시 다른 배경 위에 겹쳐 놓는다. 이렇게 하여 생기는 착시 효과는 상당히 강력하기 때문에 손가락으로 더듬어 동심원이라는 것을 확인해도 소용돌이 나선처럼 보일 정도다.

우리는 곳곳에서 황금 직사각형을 만날 수 있다. 예를 들면, 건축, 미술, 자연계, 과학, 그리고 물론 수학에서도. 루카 파치올리가 쓴 『신성비례론』(1509년, 레오나르도 다 빈치의 삽화를 삽입)에는 평면과 입체기하학에서 볼 수 있는 재미있는 황금비의 예가 소개되어 있다. 우리도 여기서 그 한 예를 들어보자, 다음 그림에서는 3개의 황금 직사각형이, 각각 다른 2개와 서로 좌우대칭으로, 또한 직각으로 교차하고 있다. 이들 사각형의 12개의 꼭짓점을 연결하면 그림과 같은 이십면체가 만들어 진다.

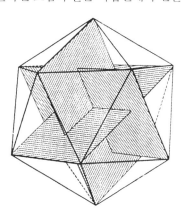

제논의 패러독스
-아킬레스와 거북

패러독스는 지적인 재미인 동시에 상당히 중요한 수학의 한 분야이기도 하다. 패러독스를 마주하면, 뭔가를 증명할 때는 허점이 남지 않도록 세심한 주의를 기울여야 한다는 걸 절감하게 된다. 수학에서는 수학적 개념을 가능한 한 많은 분야에 적용하려고 한다. 즉, 개념을 일반화하여 보다 많은 문제를 설명하려는 것이다. 일반화하는 것은 중요하지만 그에는 위험이 따른다. 그래서 세심한 주의를 기울여야만 한다. 패러독스는 그 위험성을 잘 가르쳐주고 있다.

기원전 5세기의 철학자 제논(Zeno)은 무한이나 수열, 부분합에 대한 지식을 살려 유명한 패러독스를 만들어냈다. 아킬레스와 달리기를 하게 된 거북은, 1000미터 앞에서 출발할 수 있도록 허락을 받았다. 여기서 아킬레스는 거북보다 10배 빨리 뛸 수 있다고 하자. 달리기가 시작되고, 아킬레스가 1000미터를 달렸을 때, 거북은 아직 100미터 앞을 달리고 있다. 아킬레스가 100미터를 달렸을 때도 거북은 10미터 앞을 달리고 있다.

이런 식의 이야기다. 제논은 아킬레스가 점점 거북에 근접하기는 하지만 결코 따라잡을 수는 없다고 주장했다. 그의 주장은 옳았을까? 아킬레스가 거북을 추월한다면 그건 어느 지점일까?

☞ "아킬레스가 따라잡는 지점"에 대해서는 「해답」 참조.

에우불리데스와 제논의 패러독스

그리스의 철학자 에우불리데스(Eublides)는 모래로 산을 만들 수는 없다고 논했다. 즉 모래 1알로는 모래산을 만들 수 없고, 그 1알에 또 다른 1알을 더해도 역시 산은 되지 않는다. 지금 모래산이 없는 곳에 모래를 1알 놓아도 모래산이 되지 않기 때문에 아무리 시간이 지나도 모래산을 만들 수는 없다는 것이다.

제논은 이와 같은 이치를 선분상의 점에 대입했다. 점에 크기가 없다면 거기에 또 다른 점을 더해도 역시 크기는 존재하지 않을 것이다. 따라서 아무리 점을 더해도 크기가 있는 도형을 만들 수는 없다. 또한 선분은 무한한 수의 점으로 이루어져 있으므로 만약 점에 크기가 있다면 선분의 길이는 무한할 것이다라고 그는 말했다.

수학에는 사람을 빠져들게
하는 테마가 수없이 많다. 여기서
소개하는 정리는 프랑스의 수학
자 블레즈 파스칼이 16세 때에 증
명한 것이다. 파스칼이 직접 "신비한 육각형"이라는 이름을
붙였다.

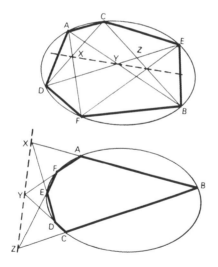

어떤 육각형이 원뿔곡선에 내접할 때, 세 쌍의 대변의 교점
은 동일 직선상에 있다.

동전 퍼즐

동전으로 만든 삼각형을 역 삼각형 모양으로 만들어보자. 단, 동전은 한 번에 1개씩, 2개의 동 전과 접하는 위치로 옮길 것.

최소 3번 움직이면 완성할 수 있다.

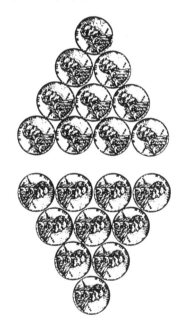

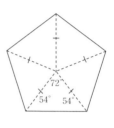

평면의 테셀레이션(평면의 규칙
적 분할)이란 간단히 말하면, 평평
한 타일을 빈틈없이, 또한 겹치지
않도록 깔 수 있다는 뜻이다. 어떤
모양인지만 안다면 실제로 타일을 깔아
보지 않아도 수학을 이용해 사전에 가능
여부를 판단할 수 있다. 그러기 위해서
는 우선, 원의 각도는 360°라는 수학적
사실을 인지하고 있어야 한다.

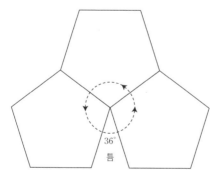

이 지식과 약간의 기하학으로 무장했다면, 다음에는 정오
각형을 바닥에 촘촘히 까는 상황을 상상해보자. 정오각형은 5

개의 합동인 변과 5개의 합동인 각으로 이루어져 있다. 오각형의 각도를 알아보려면 오각형을 그림과 같이 삼각형으로 나눠보면 된다. 삼각형의 3개의 각의 합은 항상 180°가 된다. 또한 정오각형을 구성하는 5개의 삼각형은 대응하는 변과 각도가 모두 같으므로 합동이다. 이런 사실을 근거로 오각형의 각도 108°를 구할 수 있다. 따라서 합동인 정오각형의 경우, 변과 변을 맞춰 나열하려고 하면 앞의 그림과 같이 틈이 생기고 만다. 정오각형의 각도로는 원, 즉 360°를 만들 수 없기 때문이다(108° + 108° + 108° = 324°).

다음으로 정삼각형을 바닥에 촘촘히 까는 상황을 상상해보자. 정삼각형의 각도는 모두 60°이다. 6개의 정삼각형으로 원을 만들 수 있으므로 정삼각형으로는 빈틈없이 깔 수 있을 것이다.

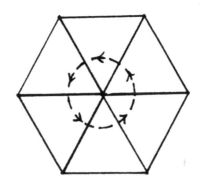

정사각형, 육각형, 팔각형, 혹은 이 도형들을 조합해 보면 어떨까? 아래 그림과 같이 평면 테셀레이션의 예를 들어보자.

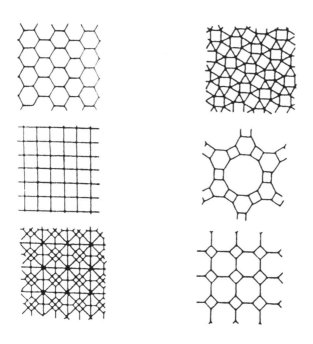

마찬가지로 테셀레이션을 공간에도 적용할 수 있다. 즉, 3차원 입체를 "촘촘히 깔 수 있는" 것이다. 다음 장의 그림은 깎은 팔면체다. 아르키메데스의 입체 중에, 빈틈없이 또한 다른 입체를 사용하지 않고 공간을 채울 수 있는 것은 이것뿐이다.

　네덜란드의 유명한 판화가 M.C.에셔(M. C. Escher)는, 자신의 작품에 수많은 수학적 개념을 도입했다. 예를 들면 뫼비우스의 띠, 측지선, 사영기하학, 착시, 펜로즈의 삼각형, 세 잎 매듭, 테셀레이션 등등이다. 에셔의 유명한 작품 중에는 그가 직접 창작한 상당히 아름다운 테셀레이션이 사용된 예도 적지 않다. 예를 들면 『메타모포시스(Metamorphosis)』, 『말 탄 기사』, 『점점 작게』, 『스퀘어 리미트(Square Limit)』, 『서클 리미트(Circle Limit)』 등이 그것이다. 공간적 테셀레이션에 대한 연구나 응용은 미술뿐만 아니라 건축, 실내 장식, 상품 포장과 같은 분야에서도 주목을 받고 있다.

디오판토스의
수수께끼

흔히들 디오판토스를 대수학의 아버지라고 하는데, 기원후 100년부터 400년 사이에 살았던 인물이라는 것 외에는 알려진 바가 거의 없다. 그러나 그가 몇 살에 죽었는지는 정확히 알려져 있다. 그를 신봉하던 한 사람이 디오판토스의 인생을 대수적인 수수께끼로 남겨놓았기 때문이다.

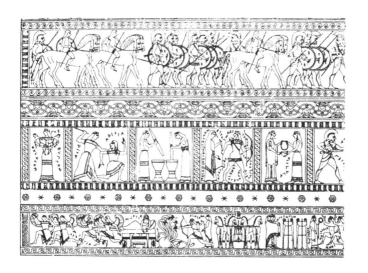

디오판토스의 아동기는 인생의 $\frac{1}{6}$이었다. 그 후 인생의 $\frac{1}{12}$이 지난 후 수염을 길렀다. 그리고 인생의 $\frac{1}{7}$이 더 흐른 뒤에 결혼을 했다. 5년 후에는 아들이 태어났다. 아들은 정확히 아버지 생애의 절반을 살았고, 디오판토스는 아들이 죽은 후 4년 만에 숨을 거두었다. 이 모든 것의 합계가 디오판테스의 나이다.

☞「디오판토스의 수수께끼」의 답은 「해답」 참조.

위상기하학은 1736년에 탄생했다. 그 해에 저 유명한 '쾨니히스베르크의 다리 건너기 문제'가 해결되었던 것이다.

쾨니히스베르크(Königsberg)[1]는 프레겔강 근처의 한 마을이었다. 강에는 2개의 섬이 있었는데 7개의 다리로 이어져 있다.

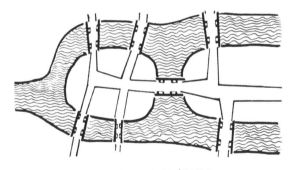

쾨니히스베르크의 다리 건너기 문제

강으로 인해 섬은 완전히 육지로부터 분리되어 있고 오직 다리로만 연결되어 있다. 또한 섬과 섬을 연결하는 다리도 한 개

---

1) 18세기, 쾨니히스베르크는 독일의 한 마을이었다. 지금은 러시아령이다.

있다. 일요일에 산책할 때, 이 7개의 다리를 모두 한 번씩 건널 수 있는지 시험해보자는 것이 이 마을 사람들의 관습이었다. 이 문제를 풀 수 있는 사람은 없었지만 이에 주목한 사람이 바로 스위스의 수학자 레온하르트 오일러(Leonhard Euler, 1707~1783)였다. 당시 오일러는 성 페테스부르크에서 러시아 과학 아카데미의 물리학 교수로 있었다. 이 문제를 푸는 과정에서 오일러는 위상기하학이라 불리는 수학의 한 분야를 개척했다. "쾨니히스베르크의 다리 건너기 문제"를 풀기 위해 그가 사용했던 방법은, 오늘날 말하는 네트워크 이론 – 위상기하학의 한 방법이었던 것이다. 네크워크 이론을 이용하여 그는 쾨니히스베르크의 다리를 모두 한 번에 건너는 것은 불가능하다는 것을 증명했다.

이 문제와 오일러의 해법에 의해 위상기하학이 탄생했다. 위상기하학은 비교적 새로운 분야다. 다른 비유클리드 기하학과 어깨를 나란히 하고 연구 대열에 오른 것은 19세기에 들어서면서부터다. 최초의 위상기하학 논문은 1847년에 쓰여 졌다.

오일러

네트워크 이론

네트워크란 기본적으로 어떤 문제의 도표를 말한다. 쾨니히스베르크의 다리 건너기 문제를 네트워크화하면 다음 그림과 같다.

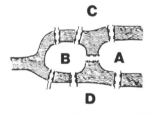

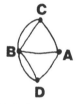

쾨니히스베르크의 다리 건너기 문제의 네트워크

네트워크는 정점을 호로 연결한 것이다. 모든 호를 한 번씩만 지나 정점까지 도달한다면 그 네트워크는 한 번에 그릴 수 있게 된다. 정점은 몇 번을 지나도 상관없다. 위 그림에서는 "쾨니히스베르크의 다리 건너기 문제"의 정점이 A, B, C, D로 나타나 있다. 각 정점을 지나는 호의 개수에 주의─A는 3개, B는 5개, C는 3개, D는 3개이다. 모두 홀수이므로 이들 정점을 홀수차의 정점이라고 한다. 그리고 호의 개수가 짝수일 때는 짝수차의 정점이라고 한다. 오일러는 어떤 네트워크에 존재하는 홀수차, 짝수차의 정점의 수와 그 경우에 네트워크를 한 번에 그릴 수 있는가를 연구하는 과정에서 많은 특성을 발견했다. 오일러가 특히 주목한 것은 홀수차의 정점이 있는 경우에는 그 정점에서 한 번에 그리기를 시작하거나 종료해

야만 한다는 것이다. 그렇게 하면 네트워크의 시작점과 끝점이 각각 1개씩밖에 없게 되므로 홀수차의 정점이 3개 이상이 되면 한 번에 그리기는 불가능하게 된다. 쾨니히스베르크의 다리 건너기 문제에서는 홀수차의 정점이 4개이므로 애초에 한 번에 그리기는 불가능한 것이다.

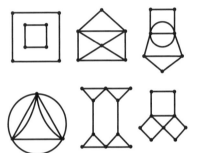

위의 네트워크 가운데 한 번에 그리기가 가능한(같은 선을 두 번 이상 그리지 않고 모든 선을 그릴 수 있는) 것은 어느 것인가.

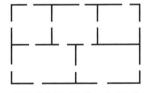

연필을 종이에서 떼지 않고 모든 문을 한 번만 지나는 경로를 그릴 수 있을까? 네트워크를 그려 답을 증명해보자.

아스테카력

가장 오래되고 가장 중요한 계산기 중 하나 —그것은 바로 달력이다. 달력은 해와 달의 경과를 헤아리고 기록하는 시스템이다.

자연은 규칙적으로 계절을 변하게 하고 그것이 우리의 먹거리 공급을 좌우한다. 그런 사실을 알게 된 옛날 사람들은 태양일, 태양년, 태음월의 관계를 정확하게 파악하려고 했다. 태음월은 대략 29.5일, 태양년은 365일 5시간 48분 46초이므로, 1태양년 안에 태음월을 딱 맞아떨어지게 대입할 수는 없었다. 이는 완전한 달력을 만드는 데 커다란 장애가 된다. 오늘날의 달력조차 완전하다고는 할 수 없다. 1700년, 1800년, 1900년과 같이, 100의 배수지만 400으로 나눠서 딱 떨어지지 않는 해는, 윤달이기는 하지만 윤일은 없다.

아스테카에는 두 종류의 달력이 있었다. 하나는 종교적인 달력으로 이는 태음월이나 태양년과는 전혀 관련이 없었다. 의식을 위해 사용되는 달력이며 아스테카 사람들은 자기가 태어난 날의 호칭을 이름의 일부로 삼았다. 이 달력은 20개의 그림문자와 13개의 숫자로 이루어져 있으며 260일 주기로 고정되어 있었다. 한편, 또 다른 달력은 농경을 위해 만들어진 것으로 1년이 365일로 이루어져 있었다.[1] 이들 달력은 주기적인 천체의 운행에 기초하여 조정되어 있었기 때문에 아스테카에서는 일식 같은 현상을 정확히 예측할 수 있었다.

이는 아스테카의 태양석 혹은 역석(歷石)이라 불리는 것인데, 1790년 멕시코 시티에서 대성당 복원 공사를 진행하던 중에 발견되었다. 대성당은 고대 도

---

1) 아스테카 문화에는 톨텍(Toltec)문화나 마야문명의 영향을 적지 않게 받았는데 달력에도 그 영향이 상당히 나타나 있다.

시 테노치티틀란(Tenochtitlàn)의 피라미드 신전 뒤에 세워져 있던 것이다. 지름이 12피트, 무게가 26톤인 이 원반에는 아스테카의 세계관에 기초한 세계의 역사가 기록되어 있다.

가운데 새겨져 있는 것은 태양신(토나티우, Tonatiuh)으로 그 주위에 보이는 4개의 사각은 4개의 태양 즉, 창세신화의 세계(호랑이, 물, 바람, 불의 비)다. 이는 아스테카족이 탄생하기 이전의 시대를 상징한다. 이 부분에는 또한 움직임의 상징도 조각되어 있다. 그 둘레를 감싸는 띠 모양 부분에는 20개의 그림 문자가 새겨져 있다. 이 그림 문자는 악어, 바람, 집, 도마뱀, 뱀, 죽음, 사슴, 토끼, 물, 개, 원숭이, 풀, 갈대, 재규어, 독수리, 대머리 독수리, 지진, 부싯돌, 비, 꽃을 의미하며 아스테카 달의 20개의 날짜를 의미한다.

**불가능한
세 문제**

　　수학문제의 아름다움은 그 해답에 있는 것이 아니라 해답에 이르는 방법에 있다. 이 문제에는 답이 없다는 것을 처음부터 알고 시작하는 경우도 있다. 답이 없는 게 답이라는 것에 어쩌면 실망할 수도 있겠지만 그 결론에 이르기까지의 사고 과정이 훌륭한 경우도 많으며 그 과정에서 생각지도 못했던 새로운 발견을 하게 되는 경우도 있다. 유명한 고대의 3대 작도 문제가 그런 경우다. 3대 작도 문제란,

각의 3등분 문제: 주어진 각을 3등분하라.
배적문제: 주어진 정육면체의 2배의 부피를 갖는 정육면체
　　　　　를 작도하라.
원적문제: 주어진 원과 넓이가 같은 정사각형을 작도하라.

　　200년 이상 동안, 이 문제들은 수학자들을 자극했고, 새로운 발견을 유도했다. 이 3대 작도 문제에 대해, 자와 컴퍼스만

※ 여기서 말하는 "자"에는 눈금 같은 표시는 없다. 일반적인 자와는 다르므로 주의

으로는 해결할 수 없다는 결론이 나온 것은 19세기의 일이다. 자를 이용해 작도가 가능한 것은 직선이며 이에 대응하는 등식은 1차식($y=3x-4$)이다. 한편, 컴퍼스로 작도할 수 있는 것은 원과 원호이며, 이에 대응하는 등식은 2차식($x^2+y^2=25$)이다. 어떤 문제를 1차 결합을 통해 연립 방정식의 형태로 풀 수 있는 것은 그 문제에서 유추 가능한 식이 최대 2차식인 경우다. 그러나 이 3대 작도 문제를 대수적으로 풀면 유추되는 식은 1차식이나 2차식이 아니다. 3차식이거나, 초월수와 얽히는 일도 있다. 따라서 컴퍼스와 자만으로 이들 문제를 푸는 것은 불가능한 것이다.

각의 3등분 문제:

135˚나 90˚와 같은 특정한 각도라면 컴퍼스와 자만 가지고 3등분할 수 있다. 그러나 주어진 임의의 각도에서는 불가능하다. 왜냐하면 이 문제를 풀기 위해 사용되는 식은 $a^3-3a-2b=0$이라는 형태의 3차식임을 증명할 수 있기 때문이다.

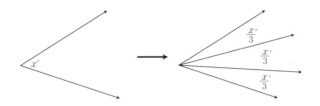

배적문제:

정육면체를 2배로 만들기 위해서는, 즉 부피를 2배로 만들기 위해서는 변의 길이를 2배로 늘리면 된다고 생각할지도 모르겠다. 그러나 그렇게 하면 부피는 원래 부피의 8배가 되어 버린다.

2배로 만들고 싶은 정육면체의 부피$=a^3$

이 정육면체를 2배로 만들기 위해서는 그 부피가 원래의 2배, 즉 $2a^3$인 정육면체를 구해야 한다.

$$x^3 = 2a^3 \ \text{즉} \ x = a\sqrt[3]{2}$$

따라서 역시 3차식이 필요하게 되고, 컴퍼스와 자만으로는 작도할 수 없음을 알 수 있다.

원적문제:

반지름이 r인 원이 있을 때, 그 넓이는 πr^2이다.

즉, 넓이가 πr^2인 정사각형을 작도하면 된다.

$x^2 = \pi r^2$일 때, $x = r\sqrt{\pi}$가 된다. π는 초월수이므로 유리연산과 실수의 근이라는 유한수로 표현할 수는 없다. 따라서 컴퍼스와 자만을 사용하여 원을 정사각형으로 만들 수는 없다.

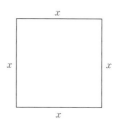

이상에서 본 것처럼 고대의 3대 문제는 컴퍼스와 자만으로는 작도가 불가능했다. 그러나 여기서 중요한 것은 이 문제를 풀기 위해 독창적인 방법과 기구가 만들어졌다는 것이다. 또한 이에 못지않게 중요한 것은 수세기에 걸쳐 이 문제들이 수학의 진보에 힘을 실어주었다는 사실이다. 예를 들면, 니코메데스의 콩코이드, 아르키메데스의 나선, 히피아스(Hippias)의 원적곡선, 원뿔곡선, 3차·4차곡선, 초월곡선 등은 이 고대 3대 작도 문제에서 비롯된 개념이다.

고대 티베트의 마방진

이 그림은 고대 티벳의 도장인데, 가운데에 3행 3열의 마방진이 새겨져 있다. 이는 또한 수학적 개념이 문화나 국경의 구속을 받지 않았음을 보여주는 한 예이기도 하다. 이 마방진에 사용된 숫자는 다음과 같다.

$$4 \quad 9 \quad 2$$
$$3 \quad 5 \quad 7$$
$$8 \quad 1 \quad 6$$

둘레의 길이,
면적,
무한 급수

아래 그림은 삼각형 각 변의 정가운데를 이어서 내접 삼각형을 반복적으로 작도한 것이다. 이를 반복하면 삼각형을 무한히 그릴 수 있다. 이들 삼각형 둘레의 길이의 합을 구하기 위해서는 아래의 수열을 풀어야 한다.

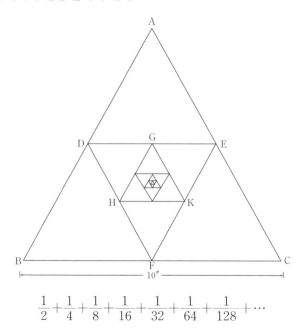

$$\frac{1}{2} + \frac{1}{4} + \frac{1}{8} + \frac{1}{16} + \frac{1}{32} + \frac{1}{64} + \frac{1}{128} + \cdots$$

이들 분수의 합은 수직선(數直線)을 그려 보면 구할 수 있다.

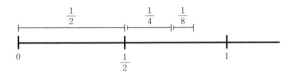

이 수열에 차례차례 분수를 더해 가면 합계는 점점 1에 가까워지지만 절대 1을 넘을 수는 없음을 알게 된다. 따라서 이 수열의 합은 1이다.

삼각형 둘레의 길이의 합을 구하는데 이게 무슨 도움이 될까, 하는 의구심이 들기도 할 것이다. 여기서 우선 각 삼각형의 둘레의 길이를 나열해 보도록 하자.

$$30, \ 15, \ \frac{15}{2}, \ \frac{15}{4}, \ \frac{15}{8}, \ \frac{15}{32}, \ \frac{15}{64}, \ \frac{15}{128}, \ \cdots^{1)}$$

다음에는 삼각형 둘레의 길이의 합계를 구하기 위해 이 수열의 합을 구한다.

$$30+15+\frac{15}{2}+\frac{15}{4}+\frac{15}{8}+\frac{15}{32}+\frac{15}{64}+\frac{15}{128}+\cdots$$

정리하면,

$$45+15\left(\frac{1}{2}+\frac{1}{4}+\frac{1}{8}+\frac{1}{16}+\frac{1}{32}+\frac{1}{64}+\frac{1}{128}+\cdots\right)$$

여기서 수열의 합의 값 1을 대입하면,

---

1) 이 값을 구하기 위해서는 "삼각형의 두 변의 중점을 잇는 선분의 길이는 그 대변의 길이의 $\frac{1}{2}$이다"라는 기하학의 정리를 이용해야 한다.

$45+15(1)=45+15=60$

이것이 둘레의 길이의 합이다.

이들 삼각형의 넓이의 합을 구하는 것도 재미있는 문제다.

이 경우는 또 별도로 무한 급수의 합을 구해야 할 것이다.

체커판 문제

체커판에서 마주보는 양쪽 모퉁이 칸을 제거하면 이 체커판에 도미노패를 깔 수 있을까?

도미노패의 크기는 체커판 한 칸의 2배다. 도미노패는 겹치지 않도록 평평하게 놓아야 한다.

☞「체커판 문제」의 답은「해답」참조

파스칼의
계산기

블레즈 파스칼(1623~1662)은 프랑스가 낳은 유명한 수학자이자 과학자 중 한 명이다. 그가 발견했다고 전해지는 수학이나 과학 이론은 수없이 많은데, 예를 들면 확률론과 액체 및 수압 이론도 그렇다. 게다가 그는 18세 때에 독자적으로 계산기까지 발명했다. 단위가 큰 수의 덧셈을 위한 기계였다. 파스칼의 이 발명은 현대식 계산기의 기본원리의 발전에 기여했다.

아이작 뉴턴과 미적분

아이작 뉴턴(Isaac Newton, 1642~1727)은 미적분 및 중력 이론 창시의 아버지라 할 수 있다. 그는 수학 천재이면서도 신학 연구에 몰두한 시간 또한 길었다. 1665년 그가 다니던 케임브리지 대학이 흑사병 때문에 문을 닫자 그는 집에 틀어박혀 미적분을 발전시키고, 중력이론을 만들어 냈으며 또한 기타 물리학적인 문제들을 연구하는 데 힘썼다. 그러나 유감스럽게도 이 시기의 연구 성과는 39년이나 지난 뒤에 공개되었다.

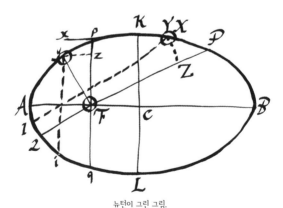

뉴턴이 그린 그림.
중력이 타원궤도 모양의 천체에 미치는 영향을 나타내고 있다.

일본의
미적분

우리는 종종 수학이 세계 곳곳의 다양한 문화권에서 동시에 발달했다는 사실을 쉽게 잊고는 한다. 예를 들면 17세기 일본의 수학자 세키 다카카즈(関孝和)는, 일본식 미적분을 발달시킨 인물로 알려져 있다. 그의 미적분은 엔리(円理)라 불렸다. 아래 그림은 세키 다카카즈의 제자가 1670년에 그린 것이다. 일련의 직사각형의 넓이의 합을 구함으로써 원의 넓이를 구할 수 있음을 보여주고 있다.

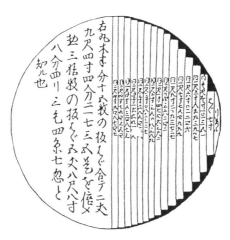

1=2의 증명

논리적 사고는 우리의 일상 곳곳에서 중요한 역할을 한다. 예를 들어 무엇을 먹을지 정할 때도, 지도를 볼 때도, 선물을 살 때도, 그리고 기하학의 정리를 증명할 때도. 문제를 해결하기 위해서는 많은 요령과 기술이 동원되는데 해결에 이르는 과정에서 논리에 한 군데라도 상처가 나면 당치도 않은 결론에 이르게 된다. 예를 들면 컴퓨터 프로그램의 경우, 실수로 작은 착각만 해도 무한루프(Infinite loop)가 발생하기도 한다. 자신의 설명이나 해답, 증명을 보고 이런 바보 같은 실수를 저질렀나 싶었던 사람도 있을 것이다. 수학에서 "0으로 나누는" 경우는 흔히 있는 오류인데, 그로 인해 엉뚱한 결론을 얻는 경우가 있다. 아래의 증명에서는 "1=2"라는 결론이 나왔는데, 어디에 오류가 있었는지 찾아보자.

1=2 ?

$a=b$이고, $b, a>0$ 이라면 1=2가 성립된다.

증명

(1) $a, b>0$	가정에 따라
(2) $a=b$	가정에 따라
(3) $ab=b^2$	(2)의 양변에 b를 곱한다
(4) $ab-a^2=b^2-a^2$	(3)의 양변에서 a^2(혹은 b^2)을 뺀다.
(5) $a(b-a)=(b+a)(b-a)$	(4)를 인수분해
(6) $a=(b+a)$	(5)의 양변에서 동일한 $(b-a)$를 소거한다.
(7) $a=a+a$	(2)를 (6)에 대입
(8) $a=2a$	(7)에 따라
(9) $1=2$	(8)의 양변을 a로 나눈다

☞「1=2의 증명」의 오류는 「해답」 참조.

결정의
대칭성

자연 현상에는 반복과 대칭성
이 넘쳐난다. 1912년 물리학자인
막스 폰 라우에(Max von Laue)는
구 모양의 결정에 X선을 투사하
여 투과된 X선을 사진 건판에 비추는 실험을 했다. 사진 건판
에 나타난 검은 점들은 완벽한 대칭성을 나타내고 있었다. 나
중에 그 점들을 연결하여 얻은 것이 바로 아래의 그림이다. 점
들이 이런 모양으로 나타나는 것은 결정의 대칭성 때문이다.

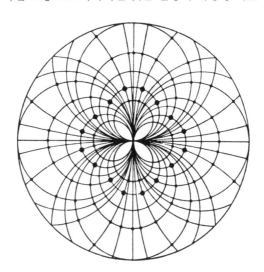

음악과 수학

예로부터 음악과 수학은 관련이 있었다. 중세에는 산수와 기하와 천문학과 음악이 하나의 학과로 묶여있었을 정도다. 그리고 현대에는 컴퓨터 덕에 그 연결 고리를 끊을래야 끊을 수 없게 되었다.

수학이 음악에 영향을 미친다는 것은 모음악보를 보면 금방 알 수 있다. 악보에는 박자(4분의 4박자, 4분의 3박자 등), 템포, 온음표, 2분 음표, 4분 음표, 8분 음표, 16분 음표 등이 그려져 있다. 한 소절에 x개의 음표를 그려 넣음으로써 곡을 만드는 것은 공통분모를 찾는 과정과 비슷하다. 길이가 다른 음표를 정해진 박자로 특정한 소절에 맞춰 넣어야 하기 때문이다. 그

럼에도 불구하고 작곡가는 모음 악보의 고정적인 구조에 아름답게, 또한 무리하지 않는 범위 내에서 음표를 채워 넣음으로써 곡을 써나간다. 완성된 작품을 분석해보면 모든 소절은 규정에

맞는 박자로 이루어져 있고 그것을 다양한 길이의 음표가 구성하고 있다.

이렇게 아주 명확한 관계 이외에도 비율이나 지수곡선, 주기함수, 그리고 컴퓨터과학 역시 음악과 깊은 관계가 있다. 비율에 관해 말하자면 이 측면의 음악과 수학의 관계에 맨 처음 눈을 뜬 것은 피타고라스 학파(기원전 585~400)였다. 그들은 현을 퉁겼을 때 울리는 소리는 현의 길이에 따라 정해진다는 사실을 깨닫고, 화음과 정수의 관계를 발견했다. 또한 조화음을 얻기 위해서는 길이가 정수비례하는 현을 퉁겨 울리게 하면 된다는 사실도 발견했다. 그보다는 현을 울리게 했을 때의 조화음의 조합은 정수비로 표현할 수 있다고 말하는 편이 맞을 것이다. 현의 길이를 정수비에 따라 점점 길게 함으로써 음계를 만들 수 있다. 예를 들

면, C(도)음을 내는 현에서 출발하여, 그 $\frac{16}{15}$의 길이라면 B(시), C의 $\frac{6}{5}$는 A(라), $\frac{4}{3}$은 G(솔), $\frac{3}{2}$는 F(파), $\frac{8}{5}$는 E(미), $\frac{16}{9}$는 D(레), $\frac{2}{1}$이면 한 옥타브 낮은 C가 된다.

그랜드 피아노가 왜 그런 모양을 하고 있는지 이상하게 생

각해본 적은 없는가? 사실, 대부분의 악기는 그 형상이나 구조에 수학적 개념이 반영되어 있다. 지수함수나 지수곡선이 그 좋은 예라 할 수 있다. 지수곡선이란 $y=k^x$(여기서 $k>0$)인 형태의 등식으로 나타나는 곡선이다.

예를 들면 $y=2^x$가 그렇다. 이 등식을 그래프화하면 오른쪽 그림과 같다.

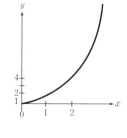

현악기나 관악기의 구조에는 지수곡선이 반영되어 있다.

음악의 성질에 관한 연구는 19세기의 수학자 장 푸리에(John Fourier)에 의해 완성되었다. 푸리에는 모든 음－악기의 음이든 사람의 목소리든－은 수학적으로 표현할 수 있다는 것을 증명했다. 즉, 단순하고 주기적인 사인함수의 합으로 표현할 수 있었던 것이다. 음은 모두 3가지 특성을 갖는다. 즉 음높이, 크기, 음질이 그것이며 이에 따라 음이 구별된다.

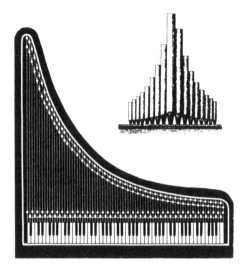

그랜드 피아노의 현과 파이프 오르간의 파이프에서 지수함수의 윤곽을 찾아볼 수 있다.

푸리에의 발견으로 음이 갖는 이들 3가지 특성을 그래프로 표현하거나 명확하게 구별할 수 있게 되었다. 음높이는 그래프의 주파수로 정해지며 크기는 진폭, 음질은 주기함수의 모양으로 결정된다.

음악과 수학의 관계를 이해하지 못했더라면 컴퓨터를 이용한 작곡이나 음악 설계 분야가 탄생되지는 못했을 것이다. 주기함수라는 수학적 발견은 음악의 현대적 디자인이나 음성구동 컴퓨터 설계에 필수적이었다. 대부분의 악기를 만드는 회사는 그 악기의 이상적인 파형과 자사 제품의 파형을 비교하며 평가한다. 음악의 전자적인 재생 충실도 역시 파형과 밀접한 관계가 있다. 음악을 만들거나 재생하기 위해 수학자들은 음악가들 못지 않는 중요한 역할을 해나갈 것이다.

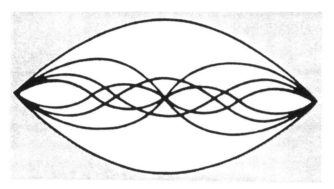

이 그림은 어떤 현이 전체적으로 진동했을 때와 작게 진동했을 때의 물결 모양을 나타내고 있다. 제일 큰 진동이 음높이를 정하고, 작은 진동은 배음을 만들어낸다.

수의 회문

"회문"이란 어구, 단문, 수와 같은 것들 중에, 앞에서부터 읽어도 뒤에서부터 읽어도 같은 것을 말한다. 예를 들면 다음과 같다.

(1) madam, I'm Adam[1]

(2) dad

(3) 10,233,201

(4) "Able was I ere I saw Elba"[2]

여기서, 재미있는 숫자 놀이를 소개해보자.

임의의 정수를 골라, 그 자릿수를 거꾸로 뒤집어 만든 수를 그 수에 더한다. 그 합계에 그 합계의 자릿수를 거꾸로 뒤집어 만든 수를 더한다. 이를 반복하면, 결국은 수의 회문이 만들어진다.

---

1) 처음 뵙겠습니다. 저는 아담입니다,라는 뜻. 아담이 이브에게 처음으로 말을 걸었을 때 한 말이라는 설정이다. 참고로 madam은 여성 일반에 대한 경칭으로,「부인」이라는 의미는 아니다. -옮긴이

2) "엘바섬을 보기 전까지 나는 강했다" -엘바섬에 유배되었을 당시 나폴레옹이 한 말이라는 설정 -옮긴이

그런데 어떤 수든 간에 반드시 수의 회문이 만들어지는 것
일까?

$$
\begin{array}{r}
1284 \\
+4821 \\
\hline
6105 \\
+5016 \\
\hline
11121 \\
+12111 \\
\hline
23232
\end{array}
$$

← 수의 회문

불시 시험의
패러독스

다음 주 평일 5일 가운데 하루를 골라 시험을 보겠다는 교사가 있다. 그런데 그 교사는 "당일 오전 8시에, 오늘 오후 1시에 보겠다고 내가 말할 때까지 너희들은 언제 시험을 볼지 알 수 없을 것이다"라고 했다.

그런데 이 불시 시험은 치러질 리가 없다. 왜 그럴까?

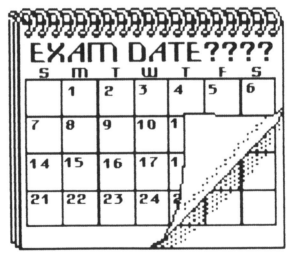

☞「불시 시험의 패러독스」의 답은「해답」참조.

바빌로니아의
설형문자
문헌

바빌로니아가 메소포타미
아의 점토판과 설형문자를 받아
들인 것은 아마 파피루스 같은 기
록매체를 입수할 수 없었기 때문
일 것이다. 바빌로니아는 기수법으로 60진법을 사용하고 있

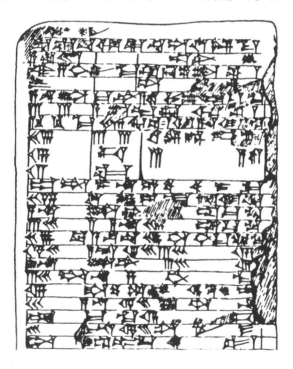

었고 그를 표기하기 위해 1을 상징하는 ⟆ 와 10을 상징하는 ⟨ 라는 2개의 기호를 사용하고 있었다. ⟩⟨ 는 60 × 10＝600을 말한다. 바빌로니아의 점토판을 보면 이 기수법을 사용하여 고도의 계산이 이루어졌음을 알 수 있다. 여기에 예로 든 점토판은 함무라비 왕조 시대(기원전 1700년대)의 것인데, 길이와 폭과 넓이에 관한 문제와 그 답이 적혀 있다.

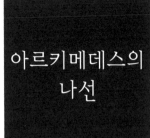
아르키메데스의
나선

식물의 줄기, 조개 껍데기, 토
네이도, 태풍, 솔방울, 은하, 소용
돌이치는 바다 등, 나선은 자연계
곳곳에서 발견할 수 있다.

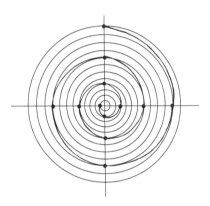

아르키메데스의 나선은 2차원 나선이다. 이 모양을 연상하
기 위해서는 나선의 중심 즉, 극을 지나는 직선 위를 기어가는
벌레를 상상하면 될 것이다. 벌레는 일정한 속도로 기어가고,
한편 직선은 역시 일정한 속도로 극을 중심으로 회전하고 있
다. 이때 벌레가 기어가는 궤적은 아르키메데스의 나선을 그
리게 된다.

수학적 개념의 발달

일반적으로는 천체, 구체적으로는 혜성을 두고 얘기할 때 3000년이란 것은 그다지 대단한 기간이 아니다. 영원이라는 시간 속에서는 눈 깜짝할 사이에 불과하다. 그러나 인간에게, 수학 교사인 내게도 역시, 이 3000년이란 '정신이 아득해질 정도로 많은' 숫자인 것이다!

― 플라마리옹, 1892년

우리는 수학을 긴 안목으로 봐야 함에도 불구하고 종종 수학이 태고인들의 발견에서부터 시작되었다는 것을 잊고는 한다. 선사시대, 사람들은 먹을 것을 나누면서 수의 개념을 발견했다. 아무리 작아도 이 하나하나의 발견이 수학의 진보에 중요한 의미를 지닌다. 단 하나의 개념을 연구하면서 일생을 보내는 수학자도 있는가 하면, 다양한 분야에 손을 대는 수학자도 있다. 예를 들어 유클리드 기하학의 발달 역사를 간단히 살펴보자. 기하학의 개념은 아주 먼 옛날부터 많은 사람들에 의해 발전되어 왔다. 탈레스(Thales, 기원전 640~546)는, 처음으로 기하학을 논리적으로 연구한 사람이라고 전해진다. 이후 300년 이상 동안 많은 사람이 탈레스의 예를 연구했고, 그 결과 지금 고등학교에서 가르치는 대부분의 기하학적 개념이 발견되었다. 그리고 기원전 300년경, 유클리드(Euclid)가 나타나 그때까지 만들어진 기하학적 개념을 체계화했다. 이는 대단한 업적이었다. 기하학과 관련된 모든 정보를 하나의 수학적 체계로 정리한 것이다. 그리고 지금 우리는 그것을 "유클리드 기하학"이라 부른다. 그는 자신의 저서인『기하학 원본』을 통해 이 정보를 논리적인 발전의 축에 따라 정리했다. 오늘날의 수학자들이 본다면 2000년이나 전에 쓰여진 이『기하학 원본』은 완벽과는 거리가 먼 수학체계라 할 수 있다. 그러나 아직까지도 걸출한 업적으로 칭송 받기에는 부족함이 없다.

아폴로니오스(Apollonius)는 유클리드의 저서에 자극을 받아 원뿔, 천문학, 탄도학 분야에서 수학에 역사적인 공헌을 했다. 다음 장의 그림은 그가 제시한 흥미로운 문제 중 하나를 그림으로 나타낸 것이다.

그 문제란 다음과 같다.

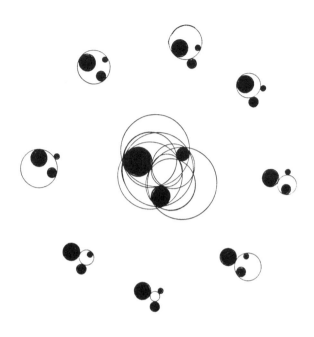

3개의 고정된 원이 있을 때,

그 모든 원에 접하는 원을 구하라.

앞의 그림은 이 문제에 대한 8개의 답을 나타내고 있다.

**4색 문제-
위상기하학이
뒤집은 지도
색칠하기 문제**

지도를 제작할 때는 예로부터 내려오는 설명이 필요 없는 규칙이 하나 있다. 평면이든 구면이든, 거기에 지도를 그리고 나라를 채색할 때, 색은 4가지만 있으면 된다는 것이 그것이다. 이 유명한 4색 문제는 1976년 일리노이 대학의 K. 아펠과 W. 하켄이 컴퓨터를 이용해 증명함으로써 그 끝을 보았다. 그러나 그들의 증명에 대한 의구심의 목소리는 아직도 끊이지 않고 있다[1].

평면상에 그린 지도에서 인접하는 영역을 각기 다른 색으로 칠하기 위해서는 언제든 4가지 색만 있으면 충분하다. 4색 문제란, 이 명제의 정당성을 증명하는 것이었다.

---

1) 프로그램이 복잡하고, 제3자에 의한 검증이 어려웠기 때문. 알고리즘의 개량 등으로 인해 현재는 옳은 증명으로 인정되고 있다. -옮긴이

자, 이를 다른 관점에서 보기 위해 다양한 위상기하학적 모델의 지도 채색을 생각해 보자. 위상기하학에서는 도넛형, 프리첼형, 뫼비우스형의 면 등, 특이한 모양의 면이 연구 대상이 된다. 구의 경우, 구멍을 내고, 당겨서, 평평하게 펼치면 평면으로 변화시킬 수 있다. 따라서 평면이든 구면이든 구분해서 채색을 하기 위해 필요한 색의 수가 같은 것은 당연하다. 위상기하학에서 연구 대상이 되는 것은 도형이 갖는 성질 가운데 변형되어도(고무 위에 그려진 것처럼 늘이거나 줄여도) 변하지 않는 성질이다. 이런 조건 하에서 변하지 않고 남는 성질이란 어떤 것일까? 변형이 허용되기 때문에 크기나 외형, 강약의 정도 등은 취급할 수 없다. 위상기하학에서 주목하는 성질로는 어떤 곡선의 안과 밖에 있는 점의 위치나 위치 관계, 어떤 입체의 표면의 수, 어떤 도형이 단순한 폐곡선인가의 여부, 또한 그 도형이 갖는 안과 밖의 영역의 수 등이 있다. 그러므로 이들 위상기하학적 도형의 경우, 지도를 다른 색으로 나눠서 채색하는 문제는 아주 새로운 차원의 문제가 된다. 4색 문제의 답, 즉 4색 정리는 이들 도형에는 적용되지 않기 때문이다.

토러스

가늘고 긴 종이로 다양한 형태의 지도 채색을 시험해 보자, 다음으로 그 종이를 꼬아서 뫼비우스의 띠를 만들자(반만 꼬아서 한쪽 끝의 겉과 또 다른 쪽끝의 겉을 붙이면 된다). 이 경우에는 4가지 색으로는 부족한 경우도 있을 것이다. 이를 토러스(도넛 모양)로도 시험해 보자. 이 입체로 실험하기 위해서는 평평한 종이로 도넛을 만드는 모습을 상상해 보면 된다. 종이 한 면에 지도를 그리고 색을 칠한 다음, 그것을 통으로 만든다. 그 통을 동그랗게 말아서 끝과 끝을 이어 도넛 모양을 만드는 과정을 상상해 보자. 토러스의 경우, 지도를 다른 색으로 칠하기 위해서는 몇 가지 색이 필요할까?

회화와
역동적 대칭

자연계에는 대칭 형태가 많
다. 나뭇잎, 나비, 사람의 몸, 눈 결
정 등이 그렇다. 그러나 비대칭적
인 형태도 적지 않다. 예를 들면,

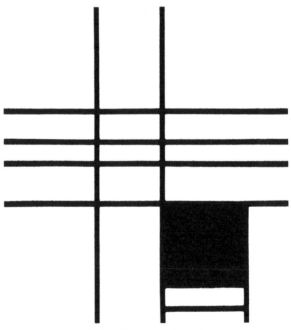

『노랑의 구성』(몬드리안 그림, 1936년)
몬드리안은 캔버스와 마주할 때 항상 황금 직사각형을 염두에 두었다고 한다.

달걀, 나비의 한쪽 날개, 앵무조개, 망상어 등이다. 이들의 모습은 비대칭적이면서 그 형태 안에 아름다운 균형을 갖고 있기 때문에 최근에는 '역동적 대칭'이라고 부르고 있다. 역동적 대칭을 갖는 형태에서는 모두 황금 직사각형[1]이나 황금비를 볼 수가 있다.

미술에 황금비나 황금 직사각형을 응용하는 것을 '역동적 대칭법'이라 한다. 알브레히트 뒤러, 죠르쥬 쇠라, 피에트 몬드리안, 레오나르도 다 빈치, 살바도르 달리, 조지 벨로스 등은 모두 황금 직사각형을 이용하여 역동적 대칭을 표현하는 그림을 그렸다.

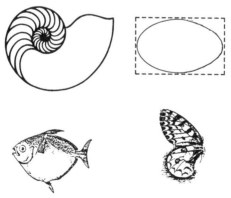

앵무조개, 달걀, 망상어, 나비의 한 쪽 날개의 역동적 대칭을 나타내는 그림

---

1) 「황금 직사각형」편(170쪽) 참조

초한수
(Transfinite
numbers)

다음 집합에는 몇 개의 원소가 있을까?

$\{a,\ b,\ c\}$

$\{-1,\ 5,\ 6,\ 4,\ \frac{1}{2}\}$　　**?**

$\{\quad\}$

만약 3, 5, 0이라고 답한다면 이는 소위 집합의 농도(Cardinality)를 표현한 것이다.

자, 그렇다면 다음 집합에는 몇 개의 원소가 있을까?

$\{1,\ 2,\ 3,\ 4,\ 5,\ \cdots\}$

무한개라고 대답한 사람, 그것으로는 충분하지 않다. 무한 집합에는 많은 종류가 있기 때문이라기보다는, 무한 집합의 농도(원소의 수)를 의미하는 "초한수"가 무한히 존재하기 때문이다.

그 이름이 말해주듯이 초한(한계를 넘는)수란, 무한개를 의미하는 "수"다. 유한한 수로는 무한 집합을 정확하게 설명할 수가 없다. 두 개의 집합의 농도가 같다고 말할 수 있는 것은 한쪽 집합의 원소를 다른 한쪽 집합의 원소와 짝을 맞춰 지워나

갔을 때, 결국은 양쪽 집합에도 원소가 하나도 남지 않는 경우이다. 예를 들면,

$\{a, b, c, d\}$ 의 농도는 4, 즉 양쪽 집합 모두 4개의 원
$\{1, 2, 3, 4\}$ 소가 존재한다.

집합 A$=\{1, 2, 3, 4, 5, \cdots, n \cdots\}$
집합 B$=\{1^2, 2^2, 3^2, 4^2, 5^2, \cdots, n^2 \cdots\}$

집합 A와 집합 B의 농도는 같다. 두 집합의 원소는 위와 같이 모두 짝을 맞춰 소거할 수 있기 때문이다. 그러나 여기에 모순이 있는 것 같은 느낌이 들지 않는가? 집합 A에는 완전한 제곱수가 아닌 수도 포함되어 있는데 어째서 제곱수인 집합 B와 원소의 개수가 같아지는 것일까?

19세기 독일의 수학자 게오르그 칸토어(George Cantor)는 새로운 수체계−무한 집합을 다루기 위한−를 만들어 그 모순을 해결했다. 그는 $\aleph$(알레프−헤브라이 문자의 최초의 문자)를 무한 집합의 원소의 "수"로 채택했다. 특히 $\aleph_0$(알레프 0)은 무한 집합의 농도 가운데 가장 작은 것을 나타낸다.

$\aleph_0$가 나타내는 것은 아래 집합의 원소 개수다.

양수＝{1, 2, 3, 4, 5, ⋯, n, ⋯}

자연수＝{0, 1, 2, 3, 4, 5, ⋯, $n-1$, ⋯}

양수＝{＋1, ＋2, ＋3, ＋4, ＋5, ⋯, ＋n, ⋯}

음수＝{－1, －2, －3, －4, －5, ⋯, －n, ⋯}

정수＝{⋯, －3, －2, 1, 0 1, 2, 3, ⋯}

유리수

n은 양수를 의미한다.

이들 집합을 비롯해 양수와 짝을 맞춰 소거할 수 있는 집합은 모두 그 농도가 $\aleph_0$이라고 생각할 수 있다.

아래의 예는 양수와 1대 1대응을 취하는 방법을 나타내고 있다.

{1, 2, 3, 4, 5, ⋯, n, ⋯} 양수
{0, 1, 2, 3, 4, ⋯, $n-1$, ⋯} 자연수

{1, 2, 3, 4, 5, 6, 7, 8, 9, ⋯} 양수
{$\frac{1}{2}$, $\frac{2}{1}$, $\frac{1}{2}$, $\frac{1}{3}$, $\frac{1}{2}$, $\frac{3}{1}$, $\frac{4}{1}$, $\frac{3}{2}$, $\frac{2}{3}$, ⋯} 유리수

아래의 표는 유리수 집합의 원소를, 양수 집합의 원소와 짝을 이루게 하는 배열법을 나타낸다.

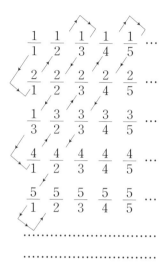

이는 칸토어가 발명한 유리수 배열법이다. 이 방법이라면 모든 유리수가 배열 어딘가에 반드시 나타난다.

칸토어는 또한 이들 초한수를 사용한 연산법을 모두 0에서 만들어냈다.

$$\aleph_0, \ \aleph_1, \ \aleph_2, \ \aleph_3, \ \cdots, \ \aleph_n, \ \cdots$$

또한, 다음이 옳다는 것을 증명했다.

$$\aleph_0 < \aleph_1 < \aleph_2 < \aleph_3 < \cdots < \aleph_n, \cdots$$

또한 실수, 직선상의 점, 평면상의 점 및 3차원 이상의 임의의 차원에 존재하는 점의 농도는 모두 그림 $\aleph_1$이 된다는 것도 증명했다.

논리 퍼즐

여기서 소개하는 것은 8세기 문헌에서도 찾아볼 수 있는 오래된 논리 퍼즐이다.

어떤 농부가 산양과 늑대와 양배추를 강 건너편으로 옮기려고 한다. 배에는 농부 자신과 산양과 늑대와 양배추 중 어느 한 가지밖에 태우  지 못한다. 늑대를 태우고 가다 보면 산양이 양배추를 먹어버릴 것이다. 양배추를 운반한다면 늑대가 산양을 해칠 것이다. 산양이나 양배추가 무사한 것은 농부가 옆에 있을 때뿐이다. 어떻게 하면 농부는 이 세 가지를 무사히 강 건너로 옮길 수 있을 것인가?

☞「논리 퍼즐」의 답은「해답」참조.

눈 결정
곡선

"눈 결정곡선"[1]은 이 곡선을
생성했을 때, 눈 결정과 비슷한 모
양이 되기 때문에 그런 이름이 붙
게 되었다. 눈 결정 곡선을 생성하
려면 그림1과 같이 우선 정삼각형을 그리고, 각 변을 3등분한
다. 다음으로 그 3등분한 정 가운데 부분에 바깥쪽을 향해 정
삼각형을 그린다. 다만 그림2에서 알 수 있듯이 새로운

삼각형의 밑변, 즉 원래의 삼각형과 공유하는 부분은 지워야
한다. 모든 정삼각형 부분에 대해 이 순서─밑변을 제외한 두

---

1) 자세한 것은 「프렉탈 ─ 현실인가 환상인가?」편 (134쪽) 참조.

변을 삼등분하고 중앙에 정삼각형을 그리는–를 반복하면 그림3처럼 된다. 이를 반복함으로써 눈 결정 곡선을 생성할 수 있다.

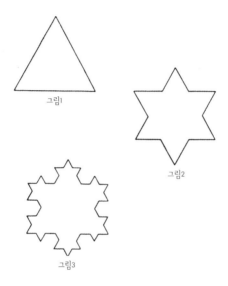

그림1

그림2

그림3

눈 결정 곡선에는 놀라운 특징이 있다.

넓이는 유한한데 둘레 길이는 무한하다는 점이다.

둘레 길이는 무한히 길어짐에도 불구하고 작은 종이에 그려 넣을 수가 있다. 이는 면적이 유한하기 때문이다. 참고로 이 넓이는 원래 삼각형의 $1\frac{3}{5}$배이다.

0 - 그 기원

0이라는 수는 현대의 기수법에서는 없어서는 안 되는 존재다. 그러나 처음으로 기수법이 발명되었을 때부터 0이 당연히 존재했던 것은 아니다. 뿐만 아니라 이집트의 수 체계에서는 0이 없었으며 또한 필요하지도 않았다. 기원전 1700년경, 바빌로니아에서 60진법 기수법이 발전하게 된다. 1년이 360일인 달력에 맞춰 사용되었던 것이다. 바빌로니아 사람들은 이 기수법으로 고도의 연산을 했지만 0을 표시하는 기호는 고안되지 못했다. 수가 있어야 할 자리가 공백이라면 그것이 0을 의미했다. 기원전 300년 경, 바빌로니아 사람들은 이 기호 그림을 0의 의미로 사용하기 시작했다. 마야와 인도에서 기수법이 발전된 것은 바빌로니아보다 훗날의 일이다. 그러나 자릿수를 메우는 숫자의 하나로써 또한, 0이라는 수치를 의미하는 것으로써 0을 나타내는 기호를 사용한 것은 마야와 인도가 처음이었다.

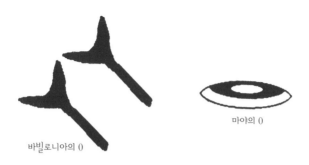

바빌로니아의 0

마야의 0

$$\Upsilon\Upsilon \; \Upsilon\Upsilon =$$
$$= 722 = 2(60)^2 + 0(60) + 2$$

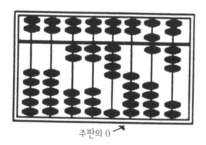

주판의 0

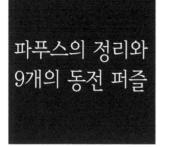

파푸스(Pappus of Alexandria)의
정리－지금 A, B, C가 직선 기호
l_1 상의 점이며, D, E, F가 직선
기호 l_2 상의 점이라 할 때, 점 P,
Q, R은 동일 직선상에 있다.

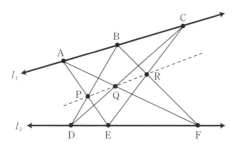

이 파푸스의 정리를 대입하여 9개의 동전 퍼즐을 풀어보자.

9개의 동전 퍼즐: 지금 이 9개의 동전은 8개의 직선상에 3
개씩 나열되어 있는데, 동전을 다시 나열하여 10개의 직선상
에 3개씩 놓아라.

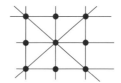

☞ "9개의 농선 퍼슬"의 납은 「해납」삼소.

일본의
원형 마방진

이는 세키 다카카즈의 책에
소개된 일본의 원형 마방진이다.
세키 다카카즈는 17세기 일본의
수학자로 일종의 미적분 외에도
연립 방정식의 해를 구하기 위한 행렬식을 발견했다고 전해
진다.

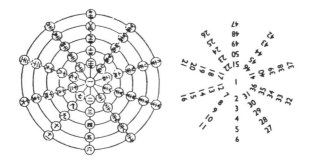

이 원형 마방진에서는 원의 지름을 따라 나열된 수의 합계
가 모두 같으며, 또한 동심원의 원주상에 나열된 수의 합계도
같다. 이 마방진을 만들 때는 1에서 100까지의 자연수를 더
할 때 가우스(F. Gauss)가 이용한 것과 같은 방법이 사용된 것
같다.

전하는 바에 따르면 가우스가 초등학생일 때, 선생님이 반 학생 전원에게 계산 문제를 내 준 적이 있었다 한다. 1에서 100까지의 자연수를 더해서 그 합을 구하라는 것이다. 다른 학생들은 당연히 숫자를 죽 나열한 다음 더하기를 시작했다. 그러나 가우스는 아무 것도 하지 않은 채 생각에 잠겼다. 그가 멍하니 앉아 있다고 생각한 선생님은 빨리 계산을 시작하라고 했다. 그런데 가우스는 벌써 해답을 구했다고 했다. 어떻게 답을 구했냐고 묻자, 가우스는 해법을 이렇게 설명했다.

$1+2+3+4+5+\cdots+50+51+\cdots+96+97+98+99+100$

가우스는 합이 101 이 되도록 자연수를 2 개씩 묶었다. 그러면 50 개의 쌍이 만들어지므로 따라서 합계는 $5050 = (50 \times 101)$이 된다.

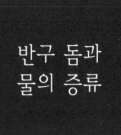

반구 돔과
물의 증류

극히 일상적인 필요성을 만족
시키기 위해, 다양한 기하학적 형
태가 사용되고 응용되고 있다. 그
런 예는 일일이 열거할 수도 없을
정도지만 여기서 잠깐 희한한 예를 소개하고자 한다. 그리스
의 시미섬에는 반구형의 태양열 증류기를 이용하여 4000명의
섬사람들에게 일인당 하루 1갤런(약 4리터)의 물을 공급했다.

태양열로 인해 데워져 중앙에 고인 바닷물에서 물이 증발
한다. 수증기는 투명한 반구 모양의 돔 안쪽에 응결했다가, 물
방울이 되어 내벽을 타고 미끄러진다. 이렇게 하여 돔 가장자
리에 담수가 모이게 되는 것이다.

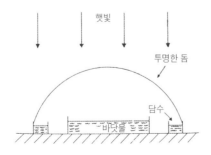

나선 – 수학과 유전학

나선은 흥미로운 수학도형이며 이 세상의 다양한 분야—예를 들면 유전자의 구조, 성장 패턴, 운동, 자연계, 그리고 공업제품의 세계 등—와 깊은 관련이 있다.

나선을 이해하기 위해서는 나선이 어떻게 만들어지는지 아는 것이 중요하다. 모두가 합동인 직육면체 블록을 가로로 이으면 긴 직육면체 기둥이 생긴다. 이 블록의 한 면을 비스듬히 잘라 위와 같이 반복하면 기둥은 완만한 원을 이룬다. 그러나 비스듬히 자를 때, 각도를 주어 자르면 기둥은 원이 되지 않고 3차원 나선을 그린다. 디옥시리보 핵산 즉, DNA는 유전정보

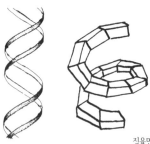

DNA 이중나선

직육면체 기둥을 잘라 만들어진
3차원 나선

를 갖는 염색체인데 이 DNA는 그런 3차원 나선 두가닥으로 이루어져 있다. DNA에는 인산과 당 분자 기둥이 두 개 있는데, 그것이 위에서 말한 변형 블록처럼 비스듬한 분자 단위로 붙어 서로 꼬여 있는 것이다.

나선은 여러 종류가 있다. 무엇보다 앞서 말한 쭉 뻗은 직육면체 기둥이나 원을 이루는 기둥도 일종의 특수한 나선으로 생각할 수 있을 정도다. 나선에는 시계 방향(오른쪽으로 도는)과 반시계 방향(왼쪽으로 도는)이 있다. 시계 방향의 나선(코르크마개 따개 등)을 거울에 비추면 거울에 비친 모습은 반시계 방향의 나선이다.

다양한 종류의 나선의 예는 우리가 사는 세상 여기저기서 볼 수 있다. 나선 계단, 케이블, 나사, 볼트, 항온기의 스프링, 너트, 밧줄, 롤리팝[1]은 시계 방향 혹은 반시계 방향일 수 있다. 원추에 꽈배기처럼 붙어있는 나선을 원추나선이라 하며, 나사나 침대 스프링은 물론, 뉴욕의 구겐하임 미술관의 나선 계단(프랭크 로이드 라이트가 설계하였다)도 이 형태다.

---

[1] 가는 막대 끝에 붙인 납작한 사탕으로 사탕면에 회오리 문양이 있음 −옮긴이

자연계에서도 다양한 종류의 나선을 볼 수 있다. 영양, 일각고래와 기타 포유류의 뿔, 바이러스, 달팽이 등 연체동물의 껍질, 식물의 뿌리나 줄기의 구조(콩류 등), 꽃, 열매, 잎의 구조 등에서 말이다. 사람의 탯줄은 3중 나선이며 정맥 한 가닥과 동

선석(扇石)의 결정구조

맥 2가닥이 반시계 방향으로 꼬여 있다.

시계 방향과 반시계 방향의 나선이 꼬여 있는 형태도 쉽게 찾아볼 수 있다. 예를 들면 식물 커플 중에 인동(반시계 방향)과 메꽃(시계 방향, 나팔꽃도 메꽃의 한 종류다)이 그렇다. 셰익스피어의 『한여름 밤의 꿈』 덕에 이 두 종류의 식물은 불후의 명성을 얻게 된다. 타이타니아 여왕이 보톰에게 말한다. "잠드세요, 그러면 이 팔을 당신께 감아줄게요…… 메꽃이 사랑스러운 인동에게 부드럽게 감기듯이."

나선은 운동 분야에서도 찾아볼 수 있다. 나선형의 움직임은 토네이도, 소용돌이, 배수관으로 빨려 들어가는 물, 다람쥐

가 나무줄기를 오르락내리락 하는 길, 뉴멕시코 주의 칼스베
드 동굴에 사는 박쥐가 날아가는 모양(시계 방향 나선을 그리며 난
다)에서 그 예를 찾아볼 수 있다.

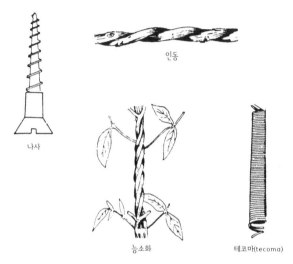

인동

나사

능소화

테코마(tecoma)

DNA 분자가 나선형임 밝혀진 오늘 날, 우리가 곳곳에서
나선형을 발견할 수 있다 하여 놀랄 일은 아닐 것이다. 자연계
에서 발견되는 다양한 나선형도, 그 성장 패턴도, 그 자체가
유전 코드에 의해 결정되어 있으며 그렇기 때문에 끊임없이
태어나는 것이다.

마법의 "선"

1900년대, 클로드 F. 브래그던(Claude F. Bragdon)은 마방진을 이용하여 예술적인 모양을 만들어내는 방법을 고안해 냈다. 마방진의 수를 순서대로 엮어 가면 재미있는 모양이 생긴다는 것을 발견한 것이다. 이 선은 나중에 '마법의 선'이라 불리게 된다. 단, 이 마법의 선은 실제로는 선이 아니라 그 선으로 그려지는 모양을 가리킨다. 번갈아가며 색을 바꿔 이 모양에 색을 칠하면 아주 참신한 디자인이 탄생한다. 브래그던은 건축가였기 때문에 이 마법의 선을 건축 장식에 이용했으며 책이나 섬유의 디자인에도 이용했다.

현존하는 가장 오래된 마방진 '낙서'의 마법의 선.
이 마방진은 기원전 2200년경 중국에서 만들어졌다.

1514년에 알브레히트 뒤러가 만든 마방진의 마법의 선.

수학과 건축

누구나 알고 있듯이 건축에는 수학적 도형이 많이 사용된다. 예를 들면, 정사각형, 직사각형, 피라미드형, 구형 등이다. 그러나 그 중에는 우리 눈에 익숙하지 않은 도형을 사용해 설계된 건축물도 있다. '성마리아 대성당'이 그 좋은 예이다. 이 놀라운 건물은 쌍곡포물면을 이용하여 설계되었다. 설계는 폴 A. 라이언과 존 리가 설계했고 기술적인 조언을 한 사람은 로마의 피에르 루이지 네르비와 매사추세츠 공과대학의 피에트로 베라스키였다.

성마리아 대성당

만약 미켈란젤로가 낙성식 날, 이 대성당을 본다면 어떻게 생각할 것 같냐는 질문에 네르비는 이렇게 답했다. "미켈란젤로는 이런 생각을 하지 못했을 겁니다. 이 설계는 기하학 이론에 기초하고 있는데, 당시에는 아직 이 이론이 증명되지 않았으니까요."

이 대성당의 지붕은 용적이 60세제곱미터인 쌍곡포물면이고, 벽의 높이는 60미터, 4개의 거대한 콘크리트 기둥이 지붕을 떠받치고 있는데, 그 기둥은 지하 29미터 깊이에 묻혀있다. 기둥 하나에 걸리는 하중은 4000톤. 벽은 미리 형태를 만들어 놓은 콘크리트 패널 1680개로 이루어져 있는데, 이 패널은 128 종류의 다른 크기로 구성되어 있다. 바닥은 78미터×78미터로 정사각형이다.

쌍곡포물면은, 포물면(포물선을 그 선의 대칭축을 중심으로 회전시킨 면)과 3차원의 쌍곡선을 조합한 것이다.

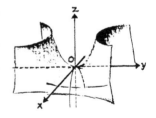

쌍곡포물면을 나타내는 등식

$$\frac{y^2}{b^2} - \frac{x^2}{a^2} = \frac{z}{c}$$

$a, b > 0, c \neq 0$

착시의 역사

19세기 후반 들어 착시 분야에 대한 관심이 급증했다. 이 시기에는 물리학자나 심리학자가 200편에 가까운 논문을 발표했으며, 왜 착시가 발생하는지에 대해 논했다.

착시를 유발하는 것은 사람 눈의 구조이며, 두뇌이며, 혹은 그 둘의 조합이기도 하다. 보이니까 거기에 존재한다고 말할 수는 없다는 것이다. 중요한 것은 자신이 지각한 정보에만 의지하여 결론을 내리는 것이 아니라 실제로 측정함으로써 검증하는 일이다.

체르나의 착시

19세기에 착시연구가 활발하게 이루어진 계기는 앞에 나와 있는 착시 그림이었다. 요한 체르나(Johanne Zoller, 1834~1882)는 천체물리학자이면서 천문학 교수(혜성, 태양, 혹성 연구에 크게 공헌했으며 측광기를 발명하기도 했다)였으나, 종종 이 그림과 비슷한 모양의 직물에 관심을 보였다. 세로 선은 실제로는 평행선인데 아무리 이렇게 보고 저렇게 보아도 평행선으로는 보이지 않는다. 이런 착시가 일어나는 원인으로 추측할 수 있는 것은 아래와 같다.

(1) 평행 선분 위에 다른 방향으로 놓인 짧은 선분과 선분 사이의 각도 차이
(2) 눈의 망막이 활 모양으로 휘어 있다.
(3) 위에 겹친 짧은 선분이 양쪽 눈을 붙었다 떨어졌다 하게 만들어 평행선이 휘어져 보인다.

이 착시 효과가 가장 강해지는 것은 평행 선분이 45°로 기울여져 있을 때라고 한다.

이 유명한 착시도는 만화가 W. E. 힐(W. E. Hill) 작품으로 1915년에 발표되었다.

이 그림은 다의(多義) 도형의 착시로 분류된다.

두 명의 인물-노파와 젊은 여자가 번갈아 보이기 때문이다.

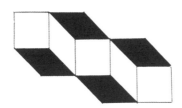

검은 면이 상자의 천정이 되기도 하고 바닥이 되기도 한다.

삼등분과
정삼각형

기하학은 다양한 아이디어나 사고, 정리로 가득하다. 기하학 도형의 새로운 성질을 발견하는 것은 무척이나 재미있는 일이다. 예를 들면, 임의의 삼각형을 그린 다음, 그 세 개의 각을 삼등분해보자. 삼등분한 직선들로 만들어지는 도형을 보고 뭔가 느껴지는 바가 없는가[1]

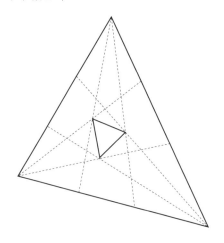

---

1) 원래의 삼각형이 어떤 형태이든 위의 그림과 같은 방법으로 만든 도형은 반드시 정 삼각형이 됨을 증명할 수 있다.

어느 집이든 집 앞에 길을 3개 만들어야 한다–하나는 우물로, 하나는 제분소로, 하나는 장작 창고로 통하는 길이다. 이 길들은 다른 길들과 교차해서는 안 된다. 자, 이 문제를 풀 수 있을까?

우물

장작 창고

제분소

☞「장작 창고, 우물, 제분소에 관한 문제」의 답은 「해답」 참조.

찰스 배비지-
현대 컴퓨터계의
레오나르도
다 빈치

현대 컴퓨터계의 레오나르도 다 빈치라 하면, 영국의 수학자 겸 기술자 겸 발명가인 찰스 배비지(Charles Babbage, 1792~1871)를 꼽을 수 있다. 그는 세계 최초의 주행거리계, 수많은 정밀 기계, 암호, 불빛의 점멸로 등대를 식별하는 방법을 발명했는데, 배비지가 최대의 정력을 쏟아 부은 것은 수학적 연산과 수표를 계산하는 기계를 제작하는 일이었다.

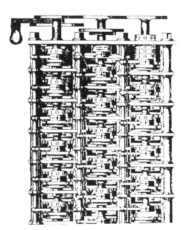

이 그림은 찰스 배비지의 계차기관(Difference Engine)의 일부를 그린 것이다. 배비지는 1823년에 이것을 만들기 시작했으나 1842년에 중단했다.

배비지 계차기관의 최초 모델은 축에 끼워 넣은 돌기가 있는 바퀴로 만들어졌다. 이는 바퀴를 손잡이로 돌림으로써 소수점 이하 5자리까지의 제곱수의 수표를 작성할 수 있는 기계였다. 훗날 배비지는 소수점 이하 20자리까지 계산할 수 있는 상당히 대규모적인 기계를 설계했다. 그 기계는 동으로 만든 조각판에 답을 새겨 넣도록 되어 있었다. 그 부품을 제작하는 과정에서 배비지는 숙련된 기계 기사가 되었고 훌륭한 공구들과 현대 기법의 원형이 되는 기법들을 만들어 냈다. 완벽을 기하며 부품과 설계를 끊임없이 개량하고 지금까지의 성과는 잊어버리는, 그런 완벽주의 덕에 그리고 또한 당시의 낮은 기술 수준 때문에 배비지는 결국 완성된 제품을 만들어 내지는 못했다. 계차기관 개발을 중단했을 때 그는 해석기관[1]에 대한 아이디어를 얻었다. 어떤 수학적 연산이라도 실행 가능하며 50자리의 수를 1000개까지 기억할 수 있는 용량이었다. 또한 이 기계는 자신의 도서관에 보존하고 있는 수표(數表)를 사용해 얻은 답을 비교하여 명령하지 않아도 검산이 가능한 기계로,

---

1) 찰스 배비지를 격려하며 해석기관의 개발에 협력한 사람이 바로 바이론 경의 무남독녀인 아다 러브레이스(Ada Lovelace)였다. 금전적 원조는 물론이며 해석기관의 컴퓨터 프로그램을 작성하는 데 있어 뛰어난 수학자였던 그녀의 협력은 대단히 중요했다. 또한 그의 프로젝트를 진심으로 열의를 가지고 응원한 것도 큰 힘이 되었다.

기계적 부품과 펀치카드로 작동되는 구조였다. 이 구상은 결국 실현되지 못했지만 해석기관의 논리적 구조는 오늘날의 컴퓨터에 이용되고 있다.

배비지의 해석기관은 하나의 기계라기보다는 기계의 집합체였다. 오늘날의 컴퓨터와 정말 비슷하다. 참으로 경탄할만한 일이었다—배비지는 오로지 노력으로 시대에 앞서 이 새로운 아이디어를 창출하고, 기계 제작을 계획하고, 제작하기 위한 공구를 개발하고, 각 개발 단계마다 설계를 하고, 프로그램을 만드는데 필요한 수학을 만들어 냈다. 이 얼마나 위대한 업적인가! 찰스 배비지의 공적을 기려 IBM은 실제로 움직이는 해석기관 모델을 제작하기도 했다.

수학과
이슬람 미술

이슬람에서는 미술로 사람의 몸을 묘사하는 행위가 금지되어 있었기 때문에 그 예술 형식은 그 이외 분야로 눈을 돌려질 수밖에 없었다. 미술은 장식이나 모자이크 분야에만 국한되었고 특히, 기하학적 디자인에 집중하게 되었다. 그런 연유로 이슬람 미술에서는 수학과의 관계가 명확히 드러난다.

이슬람 미술의 다양한 디자인에서 우리가 찾아볼 수 있는 것은 다음과 같다.

- 대칭성
- 기하학 도형의 테셀레이션, 반사(reflections)[1], 회전, 평행이동
- 명암으로 표현된 합동인 도형

---

1) 鏡映, 평면 도형을 뒤집는 일. 또는 두 개의 평면 도형이 서로 뒤집힌 상태로 되어 있을 때 다른 한쪽을 이르는 말 ─ 옮긴이

이 디자인에서는 기하학 도형의 평행 이동을 볼 수 있다.

이 디자인에는 테셀레이션2), 반사, 회전, 대칭성을 이용하고 있다. 또한 명암으로 구별되는 도형이 합동이라는 것도 알 수 있다.

---

2) 평면의 테셀레이션이란 특정 형태의 타일을 빈틈없이 그리고 서로 겹치지 않도록 까는 것을 말한다.

중국의
마방진

아래 그림은 중국의 마방진
인데 약 400년 전에 만들어진 것
이다. 산용숫자로 바꾸면 다음과
같다.

27	29	2	4	13	36
9	11	20	22	31	18
32	25	7	3	21	23
14	16	34	30	12	5
28	6	15	17	26	19
1	24	33	35	8	10

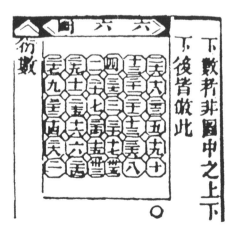

무한과 한계

아래 그림은 서로 접하는 원과 정다각형을 그린 것이다. 다각형의 변의 수는 바깥쪽으로 갈수록 더 많아지고 있다. 원의 반지름은 무한히 커지는 것처럼 보이지만 실제로는 한계—최초의 원의 약 12배—가 있으며 그 이상은 넘지 못한다.

위조 은화
퍼즐

1달러짜리 은화를 10장씩 쌓은 산이 10개 있다. 진짜 1달러짜리 은화의 무게를 알고 있으며, 위조 은화는 진짜보다 1그램 더 무겁다는 것도 알고 있다. 또한 10개의 산 중에 하나는 모두 위조 은화로만 구성되어 있다는 것도 알고 있고 1그램 단위의 저울을 사용할 수 있다고 하자. 저울을 최소 몇 번 사용하면 어느 것이 위조 은화 산인지 맞힐 수 있을까?

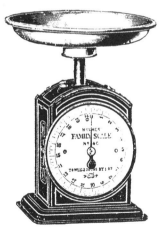

☞「위조 은화 퍼즐」의 답은 「해답」 참조.

파르테논 신전
–광학적, 수학적 설계

기원전 5세기 고대 그리스의 건축가들은 건축물 설계에 교묘하게 착시나 황금비를 응용했다. 정확히 똑바로 지은 건축물이 사람 눈에는 똑바로 보이지 않는다는 것을 알고 있었던 것이다. 이런 왜곡이 생긴 것은 눈의 망막이 휘어져 있기 때문이다. 때문에 특정한 각도로 뻗은 직선은 휜 것처럼 보인다. 눈의 구조 때문에 생기는 이런 왜곡을 고대인들이 어떻게 보정했는지, 그것을 말해주는 유명한 실례가 바로 파르테논 신전이다. 파르테논 신전의 기둥은 실제로는 부풀어 있고 사각형 기반도 바깥쪽을 향해 곡선을 그리고 있다. 이런 조정이 없었다면 파르테논은 그림1처럼 보일 것이다.

파르테논 신전

이를 보정함으로써 건물도 기둥도 반듯하고 더 아름답게 보이게 되었다.

그림1

고대 그리스인들은 또한 황금비와 황금 직사각형[1]을 응용함으로써 보다 아름다운 건축물과 조각을 만들 수 있다고 생각했다. 그들은 황금비에 대해 잘 알고 있었고 작도법이나 개수를 구하는 방법, 그를 활용하여 황금 직사각형을 작도하는 법도 터득하고 있었다. 파르테논 신전은 황금 직사각형을 건축에 활용한 실례이다. 다음 그림2에서 알 수 있듯이 이 신전의 크기는 거의 정확히 황금 직사각형에 들어맞는다.

---

1) 자세한 내용은 「황금 직사각형」편(170쪽) 참조

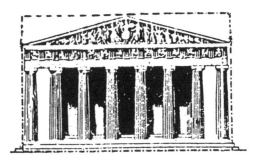

그림2

확률과
파스칼의 삼각형

파스칼의 삼각형을 생성하는 방법 중에 희한한 방법이 있다. 아래 그림처럼 육각형 블록을 삼각형으로 나열하고, 제일 꼭대기에서 공을 떨어뜨린다. 공은 육각형의 장애물과 부딪치며 떨어지므로 그 떨어진 공을 아래쪽에 모아둔다. 육각형 1개당 공이 오른쪽 혹은 왼쪽으로 떨어질 확률은 같으므로 그림에서

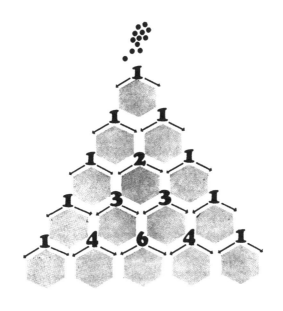

보듯이 공은 자연히 파스칼의 삼각형대로 갈라지면서 떨어진다. 삼각형 아래에 쌓인 공은 종 모양의 정규분포곡선을 그린다. 이 곡선은 보험회사가 보험료를 정하기 위해, 과학에서는 분자의 행위를 연구하기 위해, 그리고 또 인구 분포를 연구하는데도 사용되고 있다.

피에르 시몽 라플라스(Pierre Simon Laplace, 1749~1827)는 어떤 현상이 일어날 확률을 정의하면서 "일어날 수 있는 현상의 총 수에 대해, 그 현상이 일어난 경우의 수의 비율"이라 했다. 따라서 동전을 던졌을 때, 뒷면이 나올 확률은 아래와 같다.

$$\frac{1}{2} \quad \begin{array}{l} \text{—1개의 동전에 있는 뒷면의 수} \\ \text{—일어날 수 있는 현상의 수(앞면과 뒷면)} \end{array}$$

파스칼의 삼각형을 사용하여 "어떤 특정한 조합이 일어날 경우의 수"와, "일어날 수 있는 모든 조합의 총 수", 이 두 경우를 모두 계산할 수 있다. 예를 들면 4개의 동전을 던졌을 때, 일어날 수 있는 앞면과 뒷면의 조합은 다음과 같다.

4개 모두 앞면-앞앞앞앞=1

3개는 앞면이고 1개는 뒷면-앞앞앞뒤, 앞앞뒤앞, 앞뒤앞앞, 뒤앞앞앞=4

2개는 앞면이고 2개는 뒷면-앞앞뒤뒤, 앞뒤앞뒤, 뒤앞앞

뒤, 앞뒤뒤앞, 뒤앞뒤앞, 뒤뒤앞앞=6

1개는 앞면이고 3개는 뒷면−앞뒤뒤뒤, 뒤앞뒤뒤, 뒤뒤앞뒤, 뒤뒤뒤앞=4

4개 모두 뒷면−뒤뒤뒤뒤=1

파스칼의 삼각형에서 위에서부터 4번째 열(맨 위의 열을 0으로 센다)이, 이 일어날 수 있는 결과−1 4 6 4 1−를 나타낸다. 이들 수의 합계는 일어날 수 있는 모든 현상의 총수이며 이는 1+4+6+4+1=16이다. 따라서 앞면이 3개, 뒷면이 1개 나올 확률은 아래와 같다.

$$\frac{4}{16}$$
—3개가 앞면이고 1개가 뒷면이 되는 조합의 수
—일어날 수 있는 조합의 총수

조합의 수가 많고 파스칼의 삼각형을 연장하는 것이 귀찮은 경우에는 뉴턴의 이항식을 이용하면 된다. 파스칼의 삼각형의 각 열에는 이항식 $(a+b)^n$ 을 전개했을 때의 계수가 나타난다. 예를 들면 $(a+b)^3$의 계수를 알기 위해서는 위에서 3번째 열을 보면 된다(맨 위의 열은 0번째로 간주한다. 즉, $(a+b)0=1$). 제3열은 1 3 3 1이므로 계수는 다음과 같다.

$$1a^3+3a^2b+3ab^2+1b^3=(a+b)^3$$

또한 거꾸로, 이항식을 이용하여 파스칼의 삼각형의 제 n 열을 알 수도 있다.

이항식 :

$$(a+b)^n = a^n + \frac{n}{1}(a^{n-1}b^1) + \frac{n}{1}\left(\frac{n-1}{2}\right)(a^{n-2}b^2) + \cdots + b^n$$

r번째(마찬가지로 맨 위는 0번째로 센다)의 계수는

$\dfrac{n!}{r!(n-r)!}$ 가 된다.

n개에서 한번에 r개를 빼는 경우의 조합의 수는 아래의 식으로 구할 수 있다.

$$\mathrm{C}(n,\ r) = \frac{n!}{r!(n-r)!}$$

10개에서 한번에 3개를 빼는 경우의 조합은 다음과 같다.

$$\mathrm{C}(10, 3) = \frac{10!}{3!(10-3)!} = \frac{10 \ 9 \ 8 \ 7 \ 6 \ 5 \ 4 \ 3 \ 2 \ 1}{3 \ 2 \ 7 \ 6 \ 5 \ 4 \ 3 \ 2 \ 1} = 120$$

이는 10개에서 한번에 3개를 빼는 조합은 120개의 경우가 있다는 뜻이다. 그와 동시에 파스칼의 삼각형의 제 10열의 세 번째가 120이라는 의미이기도 하다. 파스칼의 삼각형을 다시 살펴보자.

한 개의 밧줄이 다른 곡선(여기서는 원)에 감기고 풀리면서 그리는 곡선을 신개선(인벌류트, involute)라 한다. 자연계에는 인벌류트의 예가 많이 존재한다. 우리는 그 예를 축 늘어진 종려나무의 잎, 독수리 부리, 상어의 등지느러미 등에서 볼 수 있다.

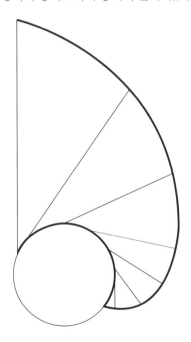

오각형과 오망성과 황금 삼각형

정오각형의 대각과 대각을 잇는 선을 그으면 오망성을 그릴 수 있다. 이 오망성 안에는 황금 삼각형이 있고 그 황금 삼각형은 오망성의 변을 황금비[1]로 분할한다.

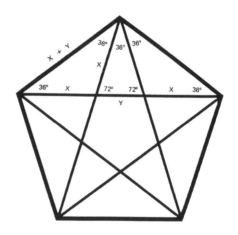

황금 삼각형이란 꼭지각이 36°, 밑각이 72°인 이등변 삼각형이다. 또한 밑변 이외의 변의 길이와 밑변의 길이는 황금비를 이룬다. 밑각을 2등분했을 때, 그 2등분선은 대변을 황금비로 분할하고 그 결과 생기는 두 개의 삼각형은 모두 이등변 삼각형이다.

이 두 개의 삼각형 가운데 하나는 원래의 삼각형과 닮은꼴이고 또 다른 하나는 나선을 그리는 데 사용된다.

이 황금 삼각형의 밑각을 2등분해 나가면, 연속적으로 황금 삼각형이 생기며 또 그에 따라 등각나선[2]을 그릴 수 있다.

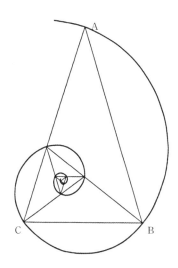

$$\frac{|\text{AB}|}{|\text{BC}|} = 황금비, \phi = \frac{(1+\sqrt{5})}{2} \approx 1.6180339\cdots$$

---

1) 황금비에 대해서는 66쪽의 각주 참조
2) 등각나선에 대해서는 「황금 직사각형」편 (170쪽) 참조

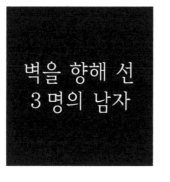

벽을 향해 선
3명의 남자

　3명의 남자를 벽을 향해 일렬로 세우고 눈을 가린다. 그리고 갈색 모자가 3개, 검정 모자가 2개 들어 있는 상자 안에서 모자를 3개 골라 그 모자를 3명의 남자에게 씌운다. 남자들에게 이 내용을 전달하고 눈가리개를 벗긴다. 그리고 모두에게 자기는 무슨 색 모자를 쓰고 있을 것 같냐고 묻는다. 벽에서 가장 멀리 떨어져 있는 남자는 앞에 서 있는 2명의 모자 색을 볼 수 있지만 그는 "나는 무슨 색 모자를 썼는지 모르겠다"고 답한다. 가운데 남자는 그 답을 듣고 앞에 서 있는 남자의 모자 색을 보고 같은 대답을 한다. 3번째 남자는 눈 앞의 벽 밖에 보이지 않지만 2명의 대답을 듣고 이렇게 답한다.

"나는 내 모자 색깔을 알 수 있다."

그는 무슨 색 모자를 쓰고 있었던 것일까? 그리고 어떻게 그걸 알았을까?

☞「벽을 향해 선 3명의 남자」의 답은 「해답」 참조.

기하학적 패턴과
피보나치의 수열

피보나치의 수열에서 연속하는 2항의 합을 한 변의 길이로 하는 정사각형을 그리면 신기한 기하학적 패턴이 생긴다.

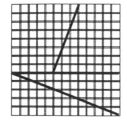 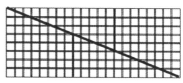

예 :

(1) 연속하는 피보나치의 수 5와 8을 선택한다.

(2) 13×13인 정사각형을 그린다.

(3) 그림처럼 잘라서 다시 나열한다. 그리고 원래의 정사각형의 넓이와 다시 나열한 후의 직사각형의 넓이를 계산한다. 그러면 직사각형의 넓이가 정사각형보다 1단위 더 크다는 것을 알 수 있을 것이다.

(4) 피보나치 수 21과 34를 이용해 같은 방법으로 넓이를 구

286

해보자. 이경우에는 직사각형의 넓이가 정사각형의 넓이보다 1단위 더 커진다.

이 1단위의 모순은 어떤 피보나치의 수를 이용하느냐에 따라 정사각형과 직사각형으로 교대로 변한다.[1]

---

1) 연속하는 피보나치의 수로 이루어진 분수의 수열, 즉 $\frac{1}{1}$, $\frac{2}{1}$, $\frac{3}{2}$, $\frac{5}{3}$, $\frac{8}{5}$, $\frac{13}{8}$, … $\frac{F_{n+1}}{F_n}$ 은 황금비보다 커지고 작아지기를 반복한다. 이 수열의 극한은 황금비의 값 즉, $\frac{1+\sqrt{5}}{2}$ 이다. 자세한 것은 "황금 직사각형"편 (170쪽)참조

미로

오늘날 사람들은 미로를 재미있는 퍼즐이라 생각한다. 그러나 옛날에는 미로라고 하면 수수께끼나 위험, 혼란을 연상하고는 했다. 복잡하게 얽힌 길에서 출구를 몰라 헤매거나, 미로 안에서 둥지를 틀고 사는 괴물과 마주칠 수 있는 장소라고 생각한 것이다. 옛날에는 성을 방어하기 위해 종종 미궁을 짓기도 했다. 침략자는 그저 미궁을 헤맬 수밖에 없게 되고 그러는 동안 공격에 무방비로 노출되었다.

미로는 아주 먼 옛날부터 세계 각지에서 만들어졌다.

- 아일랜드의 바위 골짜기의 바위에 새겨진 미로 – 기원전 2000년경
- 크레타 섬 미노스 문명의 미궁 – 기원전 1600년경
- 이탈리아 알프스, 폼페이, 스카디나비아
- 웨일즈와 잉글랜드의 잔디 미로
- 유럽 교회 바닥에 모자이크 된 미로

- 아프리카 섬유 디자인에서 볼 수 있는 미로

- 아리조나의 호피 인디언 바위에 새겨진 미로

현대에는 심리학이나 컴퓨터 설계 분야에서 미로가 주목을 받고 있다. 수 십 년 전부터 심리학자들은 미로를 이용하여 동물이나 인간의 학습 행동을 연구해 왔다. 또한 고도의 학습형 컴퓨터를 설계하는 첫 번째 단계로 미로 문제를 해결할 수 있는 컴퓨터 제어 로봇이 설계되기도 했다.

햄프턴 코트의 미로

수학에서는 미로가 위상기하학의 네트워크론(그림을 이용한 문제 해결법)의 한 분야로서 연구되고 있다. 흔히 미로와 혼동되는 것 중에 요르단 곡선이라는 것이 있다. 위상기하학적으로 보면 요르단 곡선은 원이다. 원이 자기 자신과 교차하지 않으면서 뒤틀리거나 안으로 말린 결과 생긴 곡선인 것이다. 원이기 때문에 안과 밖이 있다는 점이 미로와는 다르다. 즉, 안쪽에서 바깥으로 나가기 위해서는 곡선을 가로지를 수밖에 없게 된다.

로봇을 이용하여 미로를 빠져나가려면 논리적인 해법을 고안해야 한다.

미로를 빠져나가는 방법:

(1) 단순한 미로인 경우에는 막다른 길이나 원을 발견하면 빗금을 그어 지운다. 남은 경로를 가면 목표지점에 도착할 수 있으므로 그 중에서 최단 거리 경로를 고르면 된다. 그러나 미로가 복잡하면 이 방법으로는 빠져나가기 어렵다.

(2) 항상 한쪽 손(오른손 혹은 왼손)을 벽에 댄 상태로 앞으로 나간다. 이 방법은 단순하지만 모든 미로에 다 응용할 수 있는 것은 아니다. 응용이 가능한 경우는 (a) 입구가 2개 있고, 그를 잇는 길이 출구와 통해 있지 않는 경우. (b) 원을 그리는 길 혹은 목표 지점 주변을 도는 길이 있는 경우이다.

(3) 프랑스의 수학자 M · 트레모(M. Tremaux)는 모든 미로에 응용할 수 있는 범용적인 방법을 고안했다.

방법 :

a) 미로에서 앞으로 나갈 때, 항상 오른쪽에 선을 긋는다.

b) 갈림길이 나오면 어느 쪽이든 마음에 드는 곳을 선택한다.

c) 처음 가는 길에서 전에 지났던 분기점이나 막다른 길을 만나면 왔던 길로 되돌아가더라도 다시 되돌아간다.

d) 왔던 길을 되돌아 갈 때, 이전에 지났던 분기점이 나오면 지난번에 선택하지 않았던 길로 진행한다. 선택하지 않았던 길이 없는 경우에는 그 분기점을 지나쳐 그대로 후진한다.

e) 양쪽에 선이 그어진 길로는 진입하지 않는다.

나바호 인디언 모포에 그려진 미로

이 방법은 100% 확실한 방법이라고는 하지만 운이 나쁘면 상당히 시간이 많이 걸린다.

실제로 그 안을 걷든, 한 손에 연필을 쥐고 종이 위를 가든, 미로는 앞으로도 끊임없이 사람들의 호기심을 자극

하고 기쁨을 안겨줄 것이다.

워털루 거리

이 런던의 미로는 「The Street Magazine」 1908년 4월 호에 개제되었다. "우선 워털루로 들어가자. 목적은 세인트 폴 대성당에 도착하는 것인데 공사 때문에 통행금지인 길을 지나서는 안 된다"는 조건이 붙어 있다.

중국의
"체커판"

이 그림에 그려진 것은 체커판 모양으로 된 중국식 주판이다. 세계 최초로 연립방정식 해법 규칙을 만들어 낸 사람은 중국인이었다.

주판 여기저기에 계산 도구를 배치하고 행렬에 기초하는 규칙을 대입하여 답을 구했다.

師生問難

원추곡선

수학자들이 단지 재미있거나 이상하다는 이유만으로 연구를 한다는 사실을 이해를 못하는 사람들도 많은 것 같다. 고대 그리스의 철학자들을 봐도 특별히 무슨 도움이 되는 것도 아닌데 그저 흥미나 호기심이나 의욕을 불러일으킨다는 이유만으로 연구에 매진했던 모습을 볼 수 있다. 원추곡선이 바로 그런 경우다. 이 곡선에 관심이 쏠린 이유는 고대 3대 작도 문제(원적문제, 배적문제, 각의 3등분 문제)를 푸는 데 도움이 될 것 같았기 때문이다. 당시 이 3대 작도 문제에는 실용적인 가치는 전무했지만 어쨌든 도전해볼 만한 가치가 있는 문제였고, 그 덕에 수학은 크게 발전할 수 있었다. 대부분의 경우, 수학 문제의 실용성이 밝혀지기까지는 오랜 시간이 걸린다. 기원전 3세기에 만들어진 원추곡선은 17세기가 되면서 수학자들이 곡선과 관련된 다양한 이론을 만들어 내는 토대가 되었다. 예를 들면 케플러는 타원을 이용하여 혹성의 궤도를 설명했고, 갈릴레오는 지상에서 발사되는 물체의 움직임이 포물선 모양이라는 것을 알아냈다.

다음 장의 그림은 이중원추의 절단면이 원, 타원, 포물선, 쌍곡선을 만들어 내는 모습을 나타내고 있다.

문제 : 원추의 절단면이 직선이 될 때, 교차하는 2개의 직선이 될 때, 점이 될 때는 각각 어떤 경우인가?

이 곡선들은 흔하게 찾아볼 수 있다. 그 중 흥미로운 실례 가운데 하나가 바로 핼리혜성이다.

1704년, 에드먼드 핼리는 관측 데이터가 존재하는 모든 혜성이 궤도를 연구하고 있었다. 그리고 그 결과, 1682년, 1607년, 1531년, 1456년에 나타난 것이 같은 혜성이고 타원 궤도를 그리면서 약 76년 주기로 태양을 일주한다는 결론을 내렸다. 이 혜성이 1758년에 다시 돌아올 것이라는 그의 예언은 적중했고 때문에 이 혜성은 핼리혜성이라 불리게 되었다. 최근의 연구에 따르면 기원전 240년에 중국의 한 문헌에 기록된 혜성도 이 핼리혜성이 아니었을까 하는 관측이 있다.

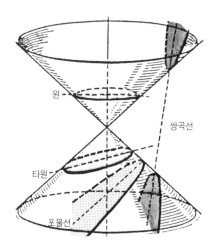

원

쌍곡선

타원

포물선

우리 주변에서 볼 수 있는 원추곡선의 예

포물선

- 분수가 그려내는 활 모양 물줄기
- 회중전등 불빛이 평면에 닿았을 때의 모양

타원

- 혹성이나 혜성의 궤도

쌍곡선

- 일부 혜성 등 천체의 궤도

원

- 호수의 물결 모양
- 차바퀴
- 원의 궤도
- 각종 자연물

아르키메데스의 펌프

아르키메데스의 나선식 펌프는 물에 담갔다가 핸들을 돌리면 물을 언덕 위로 끌어 올릴 수 있는 도구였다.

이 장치는 지금도 세계 각지에서 관개에 이용되고 있다.

아르키메데스(기원전 287~212)는 그리스의 수학자이자 발명가이다. 지레와 도르래의 원리를 발견했고, 그것을 응용하여 작은 힘으로 무거운 것을 움직이는 기계를 발명했다. 아르키메데스는 또한 물건을 물에 담금으로써 부피를 비교하는 방법―유체정역학, 부력, 비중의 계산법―을 발견했으며, 그 외에도 석궁을 발명했다. 또한 태양광선을 모으기 위해 凹면 거울을 발명했다고도 전해진다.

광삼(光滲)에 의한 착시

착시는 사람의 뇌, 눈의 구조, 혹은 그 쌍방에 의해 발생하는 현상이다. 예를 들면, 밝은 부분과 어두운 부분이 있는 장소를 볼 때

를 생각해 보자. 안구내의 액체는 완전한 투명이 아니기 때문에 빛은 눈 안쪽의 망막(빛을 느끼는 부분)에 도달할 때까지 산란한다. 때문에 밝은 빛, 혹은 밝은 부분이 망막 위에 있는 상의 어두운 부분에 스며든다. 그렇기 때문에 아래 그림에서 알 수 있듯이 같은 크기라도 밝은 부분이 어두운 부분보다 더 크게 보인다. 디자인은 같아도 어두운 색(특히 검은색) 옷이 밝은 색(혹은 흰색) 옷보다 날씬해 보이는 것은 이 때문이다. 이 착시를 "광삼[1]" 이라 하며, 19세기에 헤르만 L. F. 폰 헬름홀츠 (Herman L. F. von Helmholtz)가 발견했다.

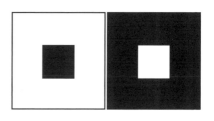

---

1) 배경을 어둡게 하면 발광체가 실물보다 크게 보이는 현상 – 옮긴이

피타고라스의 정리와 가필드 대통령

미국의 제 20대 대통령 제임스 에이브럼 가필드(James Abram Garfield, 1831~1881)는 수학을 아주 좋아하는 인물이었다. 1876년, 하원 의원 시절, 그는 피타고라스의 정리[1]를 재미있게 증명하는 방법을 발견했다. 이 증명법은 「신영국교육저널(The New England Journal of Education) 」에 발표되었다.

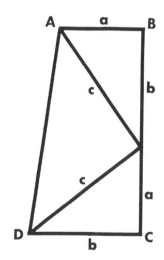

---

1) 「피타고라스의 정리」편 (19쪽) 참조

이 증명법에서는 마름모꼴의 넓이를 계산하는 두 종류의
방법을 이용하고 있다.

방법1 : 마름모꼴의 넓이= (윗변+아랫변) × (높이) × $\dfrac{1}{2}$

방법2 : 마름모꼴을 3개의 직각삼각형으로 나눈 후, 그 세
개의 삼각형의 넓이를 구한다.

증명

$\overline{AB} \parallel \overline{DC}$, 각 C와 각 B가 직각, 그림과 같이 길이 a, b, c
가 성립되는 마름모꼴 ABCD를 작도한다.

위에 소개한 2가지 방법으로 마름모꼴의 넓이를 계산한다.

방법 1로 구한 넓이 =방법 2로 구한 넓이

$$\frac{(a+b)(a+b)}{2} = \frac{ab}{2} + \frac{ab}{2} + \frac{cc}{2}$$

$$(a+b)(a+b) = ab + ab + c^2$$

$$a^2 + 2ab + b^2 = 2ab + c^2$$

따라서 $a^2 + b^2 = c^2$

다음 장의 그림과 같이 두 개의 동심원으로 이루어진 차 바퀴가 있다고 하자. 이 차 바퀴가 한 번 회전하면 A에서 B에 도달한다. 이때, |AB|는 큰 원의 원주와 같다. 그러나 거리 |AB|를 이동하는 사이에 작은 원도 역시 한 번 회전하기 때문에 그 원주도 |AB|가 되는 게 아닐까?

차바퀴 패러독스에 대한 갈릴레오의 설명

갈릴레오는 이 문제를 생각할 때, 동심인 정사각형 두 개로 이루어진 정사각형의 "차바퀴"를 떠올렸다. 이 정사각형을 네 번 돌렸을 때(즉, 이 "차바퀴"의 둘레의 길이 |AB|를 이동시켰을 때), 안쪽의 작은 정사각형은 3회 굴러간다는 것을 알 수 있다. 동심원인 차바퀴도 역시 작은 원은 이와 마찬가지로 움직일 것이다. 따라서 작은 원의 원주는 |AB|가 되지 않는 것이다.

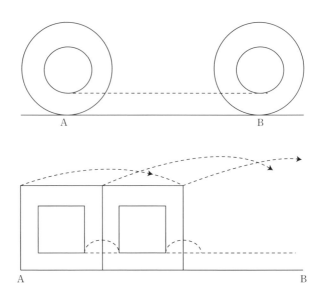

스톤헨지

영국의 솔즈베리 평원에는 '스톤헨지(Stonehenge)'라 불리는 위풍당당한 거석 구조물이 서 있다. 건조가 시작된 것은 기원전 277년경이며, 3단계 건조에 걸쳐 최종 완료된 것은 기원전 2000년경이다.

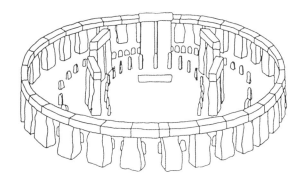

이 스톤헨지는 어떤 목적으로 만들어 졌을까? 여러 집단에 의해 사용되었고, 개량되어 왔는데 그 사람들에게 이 스톤헨지는 어떤 의미가 있었을까? 그에 대해서는 다양한 설이 나돌고 있다.

- 신전의 일종이다.
- 동지의 일몰과 하지의 일출을 알기 위한 달과 태양의 관측소였다.
- 달의 운행을 기록하는 달력이었다.
- 월식과 일식을 예측하기 위한 원시적인 계산기였다.

스톤헨지를 건조한 사람도, 사용한 사람도 문자로 기록을 남기지 않았기 때문에 그 진짜 목적을 알 길은 없다. 단편적인 증거밖에 없기 때문에 그 어떤 설도 추측의 영역을 벗어나지는 못한다. 그러나 이것을 건조한 사람들이 어떤 계측 수단이나 기하학적 지식을 갖고 있었다는 것만은 틀림없다.

몇 차원까지 있나

원시 시대의 동굴 벽화, 비잔틴의 성화상, 르네상스기의 회화, 인상파 회화 등, 그야말로 많은 종류의 다양한 회화가 존재하는데 어떤 그림이든지 거기에 그려진 것은 2차원 혹은 3차원에 존재하는 것이다. 화가, 과학자, 수학자, 그리고 건축가들은 A라는 도형이 4차원 세계에서는 어떻게 보일까 연구하고 표현해 왔다. 그 한 예가 아래 그림이다. 이는 건축가인 클로드 브래그던이 1913년에 발표한 정육면체의 4차원적 표현(초정육면체라 함)이다. 브래그던은 이 초정육면체 그림 등의 4차원적 디자인을 접목한 건축물을 설계했다. 그가 설계한 로체스터 상공회의소는 그 좋은 예다.

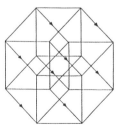

클로드 브래그던이 만든 초정육면체

3차원을 넘는 차원이 존재한다는 것은 옛날부터 흥미를 불러일으키는 설이었다. 수학에서는 논리적으로 생각했을 때, 높은 차원이 존재한다는 것은 당연한 것처럼 생각된다.

　　예를 들면, 우선 0차원의 도형, 즉 점을 생각해 보자. 이 점을 한 단위 오른쪽 혹은 왼쪽으로 움직이면 선분을 그릴 수 있다. 선분은 1차원 도형이다. 이 선분을 한 단위 위나 아래로 움직이면 사각형을 그릴 수 있다. 사각형은 2차원 도형이다. 동시에 이 사각형을 한 단위 밖이나 안으로 움직이면 육면체가 생긴다. 이는 3차원 도형이다. 다음 단계는 동일한 방식으로 4차원의 방향으로 움직이는 모양을 어떻게든 시각화하여, 초육면체 (4차원 육면체라고도 한다)를 그리는 일이다. 그러나 수학의 경우는 4차원으로 얘기가 끝나는 것이 아니라 n차원을 생각한다. 다양한 차원의 도형의 꼭짓점, 모서리, 면과 관련된 데이터를 수집하여 정리하면, 깜짝 놀랄만한 수학적 패턴이 나타난다.

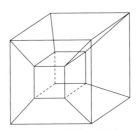

클로드 브래그던이 만든 초정육면체

4차원이 존재한다는 설은 많은 사람의 관심을 불러일으켰다. 예술가나 과학자들은 이런 도형이 4차원에서는 어떻게 보일까를 상상하여 그림으로 표현하려 했다. 4차원 육면체 즉, 초육면체는 육면체의 4차원적 표현이다. 육면체를 종이에 그릴 때는 그 3차원적인 특성을 표현하기 위해 투영도법을 활용한다. 따라서 종이에 그린 4차원 육면체는 투영도의 투영도가 되는 셈이다.

**컴퓨터와
차원**

　　사람은 3차원 생물이므로 1
차원에서 3차원까지는 쉽게 연상
하거나 이해할 수 있다. 수학적으
로는 4차원 이상의 차원도 존재
하지만 볼 수도 상상할 수도 없는 것을 믿기란 어려운 일이다.
그래서 보다 고차원적인 것을 시각화하기 위해 컴퓨터의 도움
을 받는다. 예를 들면, 브라운 대학의 토마스 밴코프(Thomas
Banchoff, 수학자)와 찰스 스트라우스(Charles Strauss, 컴퓨터 과학자)
는 컴퓨터를 사용해 초육면체 동영상을 만들었다. 초육면체에
3차원 공간을 들고 나게 함으로써 3차원 공간에서 다양한 각
도로 초육면체를 봤을 때의 이미지를 구체화하려 했던 것이
다. 이는 예를 들어 말하자면, 육면체(즉, 3차원 도형)에 평면(2차
원의 세계)을 다양한 각도로 통과시킬 때 평면상에 남는 단면도
를 기록하는 것과 같은 이치다. 이 단면도가 많이 모이면 2차
원 생물들도 3차원 도형이 어떤 모양인지 쉽게 이해할 수 있
을 것이다.

이 그림은 구체가 평면(2차원)을 통과하는. 즉 평면과 교차할 때 생기
는 다양한 상을 나타낸 것이다. 초육면체가 공간(3차원)을 통과하는
것도 이와 마찬가지다.

지금은 2차원인 홀로그램으로 3차원 도형을 그릴 수 있다.
그리고 오늘날, 홀로그램은 광고나 그래픽 분야에서 상업적으
로 사용되고 있다. 미래에는 3차원 홀로그램이 개발되어 4차
원 도형을 그리는데 사용될 것이다.

이런 생각을 해 본 적은 없는가 ― 당신 친구는 사실은 4차원
생물인데, 단지 당신의 눈에 3차원 생물로 보일 뿐이라는.

"이중"
뫼비우스의 띠

위상기하학에서는 도형의 다양한 성질 가운데 변형되어도 (즉 늘이거나 줄여도) 변하지 않고 그 대로 남는 것을 연구의 대상으로 삼는다. 유클리드 기하학과는 달리, 크기나 형태는 취급하지 않으며 강성 도형도 다루지 않는다. 기본적으로는 신축성 있는 도형을 연구한다. "고무의 기하학"이라 불리게 된 것도 그 때문이다. 뫼비우스의 띠는 17세기 독일의 수학자 아우구스투스 뫼비우스가 고안해 낸 것인데, 이 역시 위상기하학에서 연구하는 도형 중 하나다. 뫼비우스의 띠를 만들려면 가늘고 긴 종이를 반만 꼬아 끝과 끝을 연결하면 된다. 재미있게도 뫼비우스의 띠에는 면이 하나밖에 없다. 그러므로 표면에서 연필을 한 번도 떼지 않고 전면에 선을 그을 수 있는 것이다.

자, 이번에는 "이중" 뫼비우스의 띠를 생각해 보자. 두 장의 가늘고 긴 종이를 준비하고 두 장을 겹쳐서 반만 꼰 다음, 끝과 끝을 각각 붙인다. 이렇게 하면 띠 안에 또 띠가 들어간 형태의 뫼비우스의 띠가 생길 것이다. 그런데, 정말 그럴까?

그림과 같이 띠를 만들어 시험해 보자. 두 장의 종이 사이에 손가락을 넣어 빙 돌리면서 띠 안에 띠가 들어 있는지 확인해 보자. 연필로 한쪽에 선을 그리면서 시작 지점까지 돌아와 보자. 자, 무슨 일이 일어났는가?

또, 두 개의 띠를 분리하면 어떻게 되는지도 시험해 보자.

역설적 곡선-
공간 충전 곡선

곡선은 일반적으로 1차원 도형으로 간주되며, 점(0차원의 도형 혹은 차원이 없는 도형으로 여겨짐)으로 구성된다. 이렇게 생각하면 곡선이 어떤 공간을 채운다는 것은 모순이다. 유클리드 기하학의 곡선은 평면적이다. 즉, 평탄하다. 유클리드 시대의 수학자들에게는 아래와 같은 방법으로 곡선이 자기 생성한다는 개념이 아직 없었다.

오른쪽 그림은 공간 충전 곡선의 각 단계를 보여준다. 이 곡선은 그림에 나타난 특수한 방법으로 자기 생성을 반복함으로써 결국은 육면체 공간을 완전히 채울 수 있게 된다.

주판

고대의 컴퓨터라고도 불리는 주판은 지금까지 전해지는 가장 오래된 계산기 중 하나다. 중국을 비롯한 아시아 각국에서는 옛날부터 지금까지 계속 이 주판을 사용하고 있다. 가감승제 외에도 제곱근이나 세제곱근까지 계산할 수도 있다. 주판에는 다양한 종류가 있다. 예를 들면, 아랍식 주판은 세로줄에 10개씩 동그란 구슬을 끼워 만들었는데, 가운데에 가름대는 없었다. 고대 그리스나 로마에서도 주판을 사용했다는 기록은 남아 있다.

중국의 주판은 13열의 구슬을 한 줄의 가름대로 나눈 형태다. 각 열에는 가름대 아래에 5개, 위에 2개의 구슬을 끼워 넣었다. 가름대 위의 구슬은 같은 열의 가름대 아래에 있는 구슬 5개와 같다. 예를 들면 10의 자릿수를 나타내는 열에서는 가름대 위에 있는 구슬은 5×10이므로 50을 나타낸다.

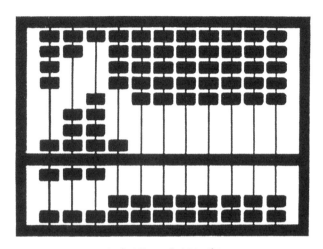

이 구슬 배치는 1,986을 나타내고 있다.

수학과 직물

수학적 도형을 직물로 표현하려면 어떻게 하면 될까? 천을 짜는 사람들은 수학적인 관점에서 의식적으로 디자인을 분석하고 있을까?

여기에 예로 든 직물에는 많은 수학적 개념이 표현되어 있음을 알 수 있다.

- 좌우대칭인 직선
- 테셀레이션
- 기하학 도형
- 비례관계에 있는 도형
- 반사상(reflected patterns)

쇼쇼니 인디언의 디자인

오지브와 인디언의 디자인

콩고 민주 공화국(자이르)의 디자인　　　　　포타와토미 인디언의 디자인

　이 직물 디자인에서 위에서 말한 수학적 개념의 표현을 찾을 수 있겠는가? 그리고 이 외에도 수학적 표현은 없는지 찾아보자.

17세기 프랑스의 수학자 메르센(Marin Mersenne)은 소수라면서 69자리의 수를 제시했다. 1984년 2월, 수학자 팀이 크래이 컴퓨터(모든 수의 클러스터에서 동시에 샘플링을 실행할 수 있다)를 프로그램화하여, 결국 이 3세기 전 문제를 풀었다. 컴퓨터 시간으로 32시간 12분이 경과한 후에 메르센의 수에는 3개의 소인수(아래 참조)가 있음을 발견한 것이다. 그런데 이 업적은 암호 제작자들을 불안에 떨게 했다. 대부분의 암호는 인수를 발견하기 어려운 큰 자릿수를 이용하여 정보를 암호화함으로써 비밀을 유지하기 때문이다.

메르센의 수

13268610439897205317760857550609056142935393598903352580289146945 9697

그 소인수

178230287214063289511 그리고 61676882198695257501367 그리고 1207039617824989303996 9681

어떤 수를 소인수분해 한다는 것은 그 수를 더 작은 소수의 곱으로 나타낸다는 뜻이다. 그 수가 작을 때는 쉽다. 보다 작은 소수로 한족 끝부터 잘라보면 된다. 그러나 숫자가 커지면 별도의 수학적 방법이 필요해진다.

어떤 수를 소인수분해 하는데 필요한 계산 횟수는 그 수가 커짐에 따라 지수함수적으로 증가한다. 매초 10억 회의 연산을 실행하는 컴퓨터라도 위의 방법으로 60자릿수를 소인수분해 하는 데는 수천 년이 걸릴 것이다.

1985~1986년, 로버트 실버맨(Robert Silverman, 매사추세츠주 배드퍼드의 마이터사)과 피터 몽고메리(Peter Montgomery, 캘리포니아주 산타모니카의 시스템 개발사)는 마이크로컴퓨터를 활용하는 방법을 개발했다. 고속인데다 아주 저렴하며 소인수분해를 위해 특별히 개발된 특수한 컴퓨터나 고가의 '크래이 슈퍼컴퓨터'를 사용하지 않아도 된다. 최근에는 8대의 마이크로컴퓨터를 150시간 가동시켜 81자릿수를 소인수분해하기도 했다.

지혜의 판에 들어 있는 7장의 조각을 어떻게 나열하면 아래와 같은 그림을 만들 수 있을까?

무한과 유한

이 그림은 어떤 반원—길이는 유한—의 점이 어떤 직선—이 길이는 무한—상의 점과 1대 1 대응한다는 것을 나타내고 있다. 이 그림에서는 반원의 길이는 5π이고, 반원에 접하는 직선의 길이는 무한하다. 여기서 점 P(반원의 중심)를 기점으로 하는 반직선을, 직선과 반원 모두에 교차하도록 긋는다. 이때, 반직선과 반원이 교차하는 점과 반직선과 직선이 교차하는 점은 1대 1에 대응한다. 이 반직선이 반원을 따라 이동하면서 점차 반직선 PQ에 가까워질 때, 이것이 직선과 교차하는 점은 반원으로부터 멀어져 간다.

이 반직선과 반직선 PQ가 겹치면 어떻게 될까?[1]

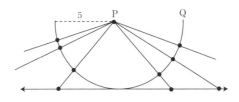

---

1) 반직선은 직선과 평행이다.

삼각수,
제곱수,
오각수

수에는 다양한 이름이 있다. 그 중에는 그 수로 만들어진 기하학 도형에 기초하는 이름도 있다. 아래 그림처럼 삼각형 형태를 만드는 수는 삼각형을 만든다는 이유로 "삼각수"라고도 불린다. 또한 완전 제곱수(perfect square numbers), 즉 $1^2 = 1$, $2^2 = 4$, $3^2 = 9 \cdots$는 사각형(squares)을 만든다.

각 그룹의 수에는 각각 독자적인 패턴이 있다. 다른 기하학 도형과 관련된 수열도 만들어 그 패턴을 찾아보자.

삼각수 그림

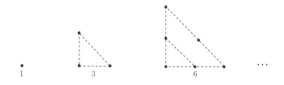

1   3   6   ...

제곱수 그림

오각수 그림

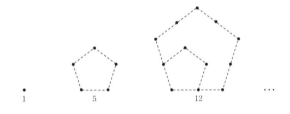

에라토스테네스, 지구의 크기를 재다

기원전 200년, 에라토스테네스는 정말 훌륭한 방법으로 지구의 크기를 측정했다.

에라토스테네스는 지구의 둘레를 측정하기 위해 기하학적 지식, 그 중에서도 다음 정의를 이용했다.

평행선과 교차하는 직선이 있을 때,

평행선의 안쪽에 생기는 엇각의 각도는 같다.

하짓날 정오, 시에네시(이집트)에서는 지면에 수직으로 세운 막대는 그림자가 생기지 않는데, 거의 정북 방향의 알렉산드리아(5000스타디온늑500마일늑800킬로미터 떨어져 있음)에서는 $7°12'$의 각도로 그림자가 생긴다. 이를 발견한 에라스토테네스는 지구의 둘레를 오차 2%의 정확도로 계산했다.

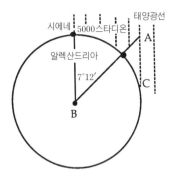

방법 :

태양광선은 서로 평행이다. 따라서 앞쪽 그림의 ∠CAB와 ∠B는 평행선의 엇각이므로 같다.

여기서 시에네와 알렉산드리아의 거리는 지구 둘레의 일부이며 그 비율은 $\dfrac{7°12'}{360°} = \dfrac{1}{50}$ 이다. 따라서 지구 둘레의 길이는 이는 (800킬로미터)×50＝40,000킬로미터가 된다(1스타디온을 몇 킬로미터로 할 것인가에 대해 의견이 분분하지만 일반적으로는 에라스토테네스가 측정한 지구의 둘레는 46,000킬로미터 정도, 따라서 오차는 15%정도였다고 한다).

324

사영기하학과
선형기하학

벨연구소에 수학자 신분으로 소속되어 있었을 당시, 카마카 (Narendra Karmarka)씨는 선형계획 문제를 푸는 새로운 방법을 발견했다. 사영기하학과 연립방정식을 이용하여 까다로운 문제를 푸는 데 걸리는 시간을 대폭 단축한 것이다. 선형계획문제란 통신 위성에 시간을 할당하거나, 항공기 승무원의 스케줄을 짜고, 수백만이나 되는 장거리전화 회선을 잇는 경로를 결정하는 문제를 말한다.

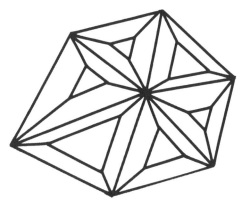

다면체인 기하학적 입체를 그린 그림

바로 얼마 전까지는 이런 문제를 풀기 위해 심플렉스법을 사용했다. 이는 1947년에 수학자 존 B. 단치히(George B. Danzig)가 개발한 방법인데 이 방법은 많은 컴퓨터 시간이 소요되었고 문제가 복잡해지면 현실적으로는 쓸모가 없었다. 수학 분야에서는 이런 문제는 수억에 달하는 면을 갖는 복잡한 기하학적 입체로 표현된다. 이 수억에 달하는 면 하나하나가 답일 가능성이 있기 때문이다. 계산해야 하는 해의 수를 가능한 한 줄여서 어떻게 가장 적합한 답을 빨리 찾아내느냐는 알고리즘[1]에 달렸다. 단치히의 심플렉스법은 입체의 모서리를 따라가면서 차례차례 각을 알아내는 방법인데, 그때마다 최적의 해가 반드시 가까워지게 되어 있다. 대부분의 경우, 이 방법으로 충분히 효율적으로 해답까지 도달할 수 있지만, 단 이는 변수(미지수)의 수가 15,000에서 20,000을 넘지 않는 경우로 한정된다.

　　한편, 카마카 알고리즘은 입체의 표면이 아니라 내부를 따라가며 빨리 답을 구하는 방법이다. 내부의 임의의 점을 선택하고 나면, 전체의 구조를 왜곡시켜(즉 문제의 형상을 변화시켜), 그 선택된 점이 중앙에 오도록 한다. 그리고 최적의 해에 가까운 방향으로 새로운 점을 발견하고 다시 전체를 왜곡시켜 그 새로운 점이 중앙에 오도록 한다. 따라서 각 시점에서 최적의 해에 가까워지는 것처럼 보이는 방향은, 전체의 형상이 왜곡되어 있지 않다고 가정한 경우에는 완전히 다른 방향이 되고 만다. 이 알고리즘에서는 사영기하학의 개념에 기초하여 변형을 반복함으로써 단시간에 최적의 해에 도달할 수 있다.

---

1) 알고리즘이란 어떤 해에 도달하기 위한 계산 방법을 말한다. 예를 들면 나눗셈 필산법의 순서나 과정도 알고리즘이다. 나눗셈 필산법의 경우, 대개 나눗셈을 할 때 사람들은 머리 속으로 암산을 한다. 658을 29로 나누는 경우, 처음부터 658에 29가 몇 번 들어가는가를 생각하는 것이 아니라 우선, 29에 가까운 30이 65에 몇 번 들어가는지를 생각하는 것이다. 마찬가지로 "카마카 알고리즘"도 변형/왜곡이라는 형태의 독특한 암산법 개념을 도입했다.

거미와
파리 퍼즐

헨리 어니스트 듀드니는 유명한 영국의 퍼즐 제작자다. 요즘 볼 수 있는 퍼즐 책에는 그의 걸작이 다수 수록되어 있는 경우가 많은데 작가로서 그의 이름이 언급된 경우는 거의 없다. 1890년대에는 유명한 미국인 퍼즐 제작자 샘 로이드와 공동으로 일련의 퍼즐 작품을 발표하기도 했다.

듀드니는 1907년 그의 첫 저서 『캔터베리 퍼즐(The Canterbury Puzzles)』을 출판했고 그 후, 5권의 퍼즐책을 더 출간했다. 그 책들은 지금도 어려운 수학 문제들의 보물창고다.

「거미와 파리」는 1903년에 영국의 신문지상에 처음으로 발표된 작품인데 그의 작품 중 가장 유명하다.

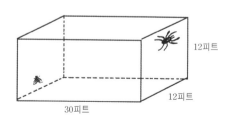

30피트×12피트×12피트인 직사각형 방이 있다. 거미 한 마리가 한쪽 끝 벽의 한가운데, 천정에서 1피트 떨어진 지점에 있다.

파리는 그 반대편 벽의 한가운데 바닥에서 1피트 떨어진 곳에 꼼짝 않고 있다. 파리는 공포에 질려 움직이지 못한다.

거미가 파리가 있는 곳까지 기어간다고 했을 때, 그 최단거리는 몇 피트일까? (힌트 : 42피트보다 짧다)

☞「거미와 파리 퍼즐」의 답은 「해답」 참조.

수학과 비누거품

수학과 비누 거품이 무슨 관계가 있을까 싶은 사람도 있겠지만, 비누 거품의 막이 만드는 형상은 표면장력에 의해 결정되어 있다. 표면장력은 가능한 한 표면적을 작게 하는 방향으로 움직인다. 따라서 비누 거품은 공기의 표면적이 최저가 되는 형태로 공기를 감싸 안고 있는 것이다. 비눗방울은 구형인데 거품이 모이면 형태가 변하는 이유도 바로 이 때문이다. 거품이 모이게 되면 거품과 거품 사이는 120°의 각도로 접한다. 이를 삼중 접점이라 한다. 삼중 접점은 기본적으로 3개의 선분이 접하는 점이므로 교점의 각도는 각각 120°가 된다. 자연계에는 이 삼중 접점에 기초한 현상이 많이 존재한다(예를 들면 물고기 비늘, 바나나의 과육, 옥수수 알이 붙어 있는 모양, 거북 등딱지 등). 이는 자연의 평형점인 것이다.

동전의
패러독스

그림과 같이 위에 있는 동전
을 아래에 있는 동전의 면을 따라
반 바퀴 돌리면 처음과 같은 방향
이 된다. 원래는 전체 둘레의 반밖
에 움직이기 않았기 때문에 위 아래가 거꾸로 되어 있어야 말
이 될 것이다. 동전 두 개를 이용하여 실제로 움직임을 관찰해
보고, 어떻게 이렇게 되는지 설명해 보자.

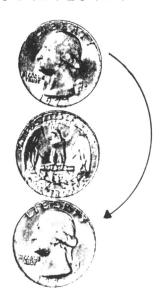

헥소미노(Hexaminoes)

헥소미노란 6개의 정사각형으로 이루어진 평면도형이다. 부피 1단위인 육면체를 준비하고 그 변 가운데 7개를 절개하여 전개한다. 이렇게 하여 만들어진 도형이 헥소미노이다. 육면체의 어느 변을 절개하느냐에 따라 만들어지는 헥소미노의 형태가 달라진다. 아래 그림은 그 일부이다.

헥소미노는 전부 몇 종일까?

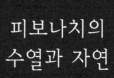

피보나치의 수열과 자연

　우리는 자연계에서 늘 피보나치의 수열을 만날 수 있기 때문에 이를 더 이상 우연이라 할 수는 없다.

　(1) 꽃잎의 수가 피보나치 수인 식물-연령초, 들장미, 꼭두서니, 코스모스, 미나리아재비, 매발톱꽃, 백합, 붓꽃

　(2) 꽃잎과 닮은 부분의 수가 피보나치 수인 식물-과꽃, 코스모스, 데이지, 천인국

아래의 피보나치 수는 꽃잎의 수와 일치하는 경우가 많다.

　3 …… 백합과 붓꽃

　5 …… 매발톱꽃, 미나리아재비, 라크스퍼

　8 …… 델피니움

　13 …… 콘매리골드

　21 …… 과꽃

　34, 55, 84 … 데이지

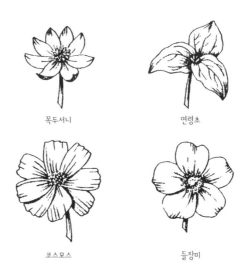

꼭두서니   연령초

코스모스   들장미

(3) 피보나치의 수는 또한 잎과 가지, 줄기의 배치에서도 찾아볼 수 있다. 예를 들면, 어떤 줄기에 붙은 한 장의 잎을 0번이라 하고 그 0번 바로 위에 위치한 잎에 도달하기까지의 잎의 수를 세어보자(한 장도 꺾이거나 떨어진 것이 없는 잎으로 한다). 이때 그 수가 피보나치의 수인 경우가 상당히 많다. 또한 0번 바로 위에 있는 잎까지 도달하기까지의 나선의 회전 횟수도 역시 피보나치의 수인 경우가 많다. 나선의 회전 횟수에 대한 잎의 수의 비를 엽서(葉序, phyllotactic-잎의 배열을 의미하는 그리스어에서 따옴)비라고 한다. 이 엽서비는 대체로 피보나치의 수와 일치한다.

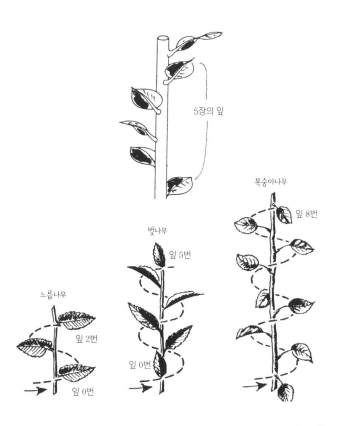

5장의 잎

복숭아나무

잎 8번

벚나무

잎 5번

느릅나무

잎 2번

잎 0번

잎 0번

(4) 피보나치의 수는 솔방울수라고도 불린다. 이는 연속하
는 피보나치 수가 솔방울의 왼쪽방향 나선의 수, 오른
쪽 방향나선의 수인 경우가 많기 때문이다. 해바라기씨
도 마찬가지다. 또한 루카 수열[1]의 연속성과 일치하는
경우도 있다.

왼쪽 방향 나선으로 세면 13. 오른쪽 방향 나선은 8

해바라기 씨

(5) 파인애플도 피보나치의 수를 찾아볼 수 있는 식물이다.
파인애플은 육각형의 조각들로 덮여 있는데 그 조각들
이 만들어 내는 나선의 수를 세어 보자.

---

1) 루카 수열은 피보나치의 수열과 비슷한 수열이다. 1과 3으로 시작되며 각 항은 바로 앞의 2항의 합으로 되어 있다. 따라서 루카 수열은 1,3,4,7,11…이 된다. 이 수열의 이름은 19세기의 수학자 에두와르 루카에서 따 온 것이다. 루카는 회귀 수열을 연구했으며 피보나치 수열에 그 이름을 붙인 것도 바로 루카다. 루카 수열은 피보나치의 수열을 가지고 다음과 같은 방법을 통해 만들 수도 있다. 숫자의 연속항과 일치하는 경우도 있다.

0, 1, 1, 2, 3, 5, 8, 13, …

1, 3, 4, 7, 11, 18, …

피보나치의 수열과 황금비

피보나치의 수열에서 서로 마주하는 수의 비를 구한 다음, 그 수를 수열로 나타내보면,

$$\frac{1}{1} , \frac{2}{1} , \frac{3}{2} , \frac{5}{3} , \frac{8}{5} , \cdots\cdots , \frac{F_{n+1}}{F_n} , \cdots$$

$$1, 2, 1.5, 1.6, 1.625, 1.6153, 1.619, \cdots$$

황금비 φ보다 커지거나 작아지기를 반복한다. 이 수열의 극한은 φ이다. 이 관계에서 알 수 있듯이 황금비, 황금 직사각형, 혹은 등각나선이 나타나는 곳에서는(특히 자연현상의 경우) 피보나치의 수열을 확인할 수 있으며 또한 그 반대의 경우도 말할 수 있다.

원숭이와 코코넛

배가 난파하여 세 명의 선원과 한 마리의 원숭이가 외딴섬에 표류하게 되었다. 그곳에 먹을 것이라고는 코코넛밖에 없었다. 그들은 하루 종일 코코넛을 모았지만 해가 저물었으므로 일단 그날 밤은 자고, 날이 밝으면 코코넛을 나누기로 했다. 그런데 한밤중에 선원 한 명이 눈을 떴고, 아침까지 기다리지 못하고 자신의 몫을 미리 먹기로 했다. 그는 코코넛을 삼등분했는데 한 개가 남아 그것을 원숭이에게 줬고 자신의 것은 잘 숨긴 다음 다시 잠이 들었다. 그 후, 이번에는 다른 선원이 잠에서 깨어 처음 선원과 같은 행동을 했고 하나 남은 것을 원숭이이게 주었다. 그리고 세 번째 선원도 잠에서 깨어 앞의 두 명의 선원이 한 것과 똑같이 코코넛을 삼등분한 후 역시 남은 한 개는 원숭이에게 주었다. 아침이 되어 세 명의 선원은 잠에서 깼고, 코코넛 더미를 삼등분한 다음 역시 남은 한 개를 원숭이에게 주었다.

선원들이 모은 코코넛은 최소 몇 개인가?

선원이 네 명일 경우, 그리고 다섯 명일 경우에 위 문제의 답은 얼마가 될까?

이런 문제를 푸는 데 이용하는 방정식을 디오판토스의 방정식이라고 한다. 디오판토스는 그리스의 수학자이며 이런 유형의 방정식을 이용하여 문제를 푼 최초의 인물이다.

☞「원숭이와 코코넛」문제의 답은「해답」참조.

거미와 나선

네 마리의 거미가 6×6미터인 정사각형 네 귀퉁이에서 동시에 기기 시작했다고 하자. 거미는 매 초 1센티미터의 일정한 속도로 각각 자신의 오른쪽에 있는 거미를 향해 기어간다. 모든 거미가 다 같이 움직이고 있기 때문에 결과적으로 네 마리 모두 정사각형의 중앙을 향해 이동하게 되고 또한 네 마리는 항상 정사각형의 네 귀퉁이에 위치하게 된다.

네 마리가 가운데서 만나기까지 몇 분 걸릴까?

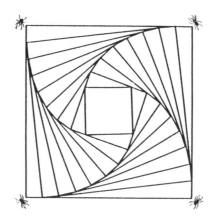

거미들의 궤적이 그리는 곡선은 등각나선을 이룬다.[1]

이 문제를 정사각형 이외의 정다각형의 경우에 대입하여 풀어보자.

☞「거미와 나선」의 답은「해답」참조.

---

1) 등각나선에 대한 자세한 설명은「황금 직사각형」편(170쪽) 참조.

해답
참고문헌

p. 27 삼각형에서 정사각형으로

p. 41 밀과 체스판

$$1+(2)+(2)^2+(2)^3+(2)^4+\cdots\cdots+(2)^{63}$$

$$1+2+4+8+16+\cdots\cdots$$

p. 70 T자 퍼즐

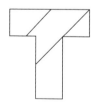

pp. 73~74 무한 호텔

모든 숙박 손님을 지금의 방 번호에 2를 곱한 수의 방으로 옮기도록 한다. 즉, 1호실 손님은 2호실로, 2호실 손님은 4호실로, 3호실 손님은 6호실로, 이런 식으로 옮겨간다. 그러면 홀수번호 방은 모두 비게 되므로 거기에 손님을 들이면 된다.

p. 88 샘 로이드의 퍼즐

가운데 칸에서 시작하여 다음 순서대로 해당 칸의 수만큼 앞으로 진행하면 된다. 왼쪽 아래(3칸), 왼쪽 아래(4칸), 오른쪽 위(6칸), 오른쪽 위(6칸), 오른쪽 위(2칸), 왼쪽 아래(5칸), 왼쪽 아래(4칸), 왼쪽 아래(4칸), 왼쪽 위(4칸).

p. 94 피보나치의 속임수

앞의 2항을 a, b라 하면 그 뒤에 이어지는 항은 아래와 같이 나타낼 수 있다. $a+b$, $a+2b$, $2a+3b$, $3a+5b$, $5a+8b$, $8a+13b$, $13a+21b$, $21a+34b$. 그리고 10번째까지의 항을 더하면 $55a+88b$가 되며 이는 제 7항 $5a+8b$의 11배가 된다.

pp. 102~103 역사적 사건이 있었던 10개의 해

왼쪽 위(한문 숫자) : 1948년－간디 암살.

중간 제일 위(헤브라이 숫자) : 1879년－아인슈타인 탄생.

오른쪽 위(이집트 숫자) : 1215년−마그나 카르타(대헌장).

가운데 2번째(로마 숫자) : 1066년−헤이스팅스 전투.

가운데 3번째(바빌로니아 숫자) : 476년−서로마 제국의 멸망.

가운데 4번째(그리스 숫자) : 1455년−구텐베르크 성서.

가운데 5번째(헤브라이 숫자) : 563년(기원전)−석가모니 탄생.

가운데 6번째(로마 숫자) : 1770년−베토벤 탄생.

왼쪽 아래(마야 숫자) : 1776년−미국 독립 선언.

제일 아래(2진법) : 1969년−아폴로 달 표면 착륙.

pp. 106~107 Pillow Problems 중, 8번째 문제

루이스 캐럴의 해설 : 사람 수를 m, 맨 끝에 있는 사람(가장 적은 돈을 가지고 있는 사람)이 가지고 있는 실링의 값을 k라 하자.

한바퀴 돌았을 때, 전원이 가진 돈이 각각 1실링씩 줄어들어 움직이고 돈은 m실링이 된다. 이를 계속할 수 없게 되는 것은 맨 끝 사람이 실링 더미를 전해줘야 할 때이며 이때 끝 사람이 가지고 있는 금액은 $(mk+m-1)$실링, 맨끝 바로 앞 사람은 0, 맨 앞 사람은 $(m-2)$실링을 갖고 있게 된다.

옆사람끼리 갖고 있는 금액의 비율이 4 : 1이 될 수 있는 것은 맨 앞 사람과 맨 끝 사람뿐이다. 따라서,

$mk+m-1=4(m-2)$ 혹은

$4(mk+m-1)=m-2$가 성립될 것이다.

제 1 등식을 전개하면 $mk=3m-7$, 즉 $k=3-\dfrac{7}{m}$이 되므로, 이를 만족하는 양수는 $m=7, k=2$밖에 없다.

제 2 등식을 전개하면 $4mk=2-3m$이 되는데, 이를 만족하는 양수는 존재하지 않는다.

따라서 답은 7명, 2실링이 된다.

p. 122 신기한 경주로의 증명

경주로의 넓이는, $\pi R^2-\pi r^2$

이는 큰 원의 넓이에서 작은 원의 넓이를 뺀 것이다.

122쪽의 그림에서 이 현의 길이는 $2\sqrt{(R^2-r^2)}$

따라서 이를 지름으로 하는 원의 넓이는 $\pi(R^2-r^2)$, 즉 $\pi R^2-\pi r^2$이다.

p. 123 페르시아의 말

위 아래로 배와 배를 마주보게 하는 형태로 두 마리, 좌우로 배와 배를 마주보게 하는 형태로 두 마리가 그려져 있다.

p. 124 샘 로이드의 퍼즐 그림

pp. 188~189 아킬레스와 거북

1,111와 $\dfrac{1}{9}$ 미터 달린 지점에서 아킬레스는 거북을 따라잡는다. 경주로의 길이가 이보다 짧다면 거북의 승리. 정확히 이 길이라면 무승부, 이보다 길다면 아킬레스가 거북을 이기게 된다.

p. 198 디오판토스의 수수께끼

디오판토스가 n년만큼 살았다고 하자.

$$\frac{1}{6}n+\frac{1}{12}n+\frac{1}{7}n+5+\frac{1}{2}n+4=n$$

정리하면, $\dfrac{3}{28}n=9$

$$n=84$$

p. 214 체커판 문제

이 변형 체커판에 도미노패를 깔 수는 없다. 도미노패 1장을 놓으려면 붉은색과 검은색 칸이 각각 1개씩 필요하다. 제거한 귀퉁이 칸이 모두 같은 색이므로 남은 칸인 붉은 색과 검은 색의 수가 맞지 않기 때문이다.

p. 219 1＝2의 증명

6)에서 0으로 나눗셈을 하고 있다. 0을 $b-a$라는 표현으로 눈속임하고 있다. 처음에 $a=b$라고 전제했으므로 $b-a$는 0이다.

p. 228 불시 시험의 패러독스

시험은 금요일에 치러질 수 없다. 금요일은 주의 마지막 날이므로 목요일까지 시험이 없다면 그 시점에서 금요일이라는 것을 알게 된다. 조건은 그날 아침까지는 언제 시험이 있을지 알 수 없다는 것이다. 그러면 금요일에는 있을 리가 없으므로 시험이 치러질 수 있는 마지막 날은 목요일이 된다. 그러나 목요일도 아니다. 이는 수요일에 시험이 없으면 목요일과 금요일밖에 남지 않는데, 금요일은 처음부터 대상에서 제외되었으므로 수요일에는 시험이 목요일이라는 것을 알게 된다 — 언제일지 몰라야 하므로. 그러면 가능한 날은 수요일이 되는데, 화요일까지 시험이 없으면 시험은 수요일이라는 걸 알아버리게 되므로 수요일도 후보에서 제외. 이런 식으로 생각해나가면 주 중 어느 날에도 불시 시험은 치룰 수 없게 된다.

p. 245 농부, 늑대, 산양, 양배추

먼저 산양을 강 건너편으로 옮긴다. 다시 돌아와 늑대를 배에 태운다. 늑대를 강 건너에 남겨두고 산양을 태우고 돌아온다. 산양을 원래 장소에 남겨두고 양배추를 싣고 늑대가 있는 강 건너편으로 간다. 마지막으로 다시 돌아와 산양을 배에 싣고 늑대와 양배추가 기다리는 강 건너로 간다.

p. 250 9개의 동전 퍼즐

p. 265 장작 창고, 우물, 제분소에 관한 문제

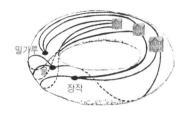

밀가루

물

장작

길을 (유클리드 기하학적)평면으로 밖에 만들 수 없을 때, 이 문제는 풀 수 없다. 그러나 세 채의 집이 토러스 즉 도넛 모양의 입체 표면에 세워져 있다면 (그림과 같이) 쉽게 답을 얻을 수 있다.

p. 273 위조 은화 퍼즐

답은 1회!

처음 산에서는 1개, 2번째부터는 2개, 3번째부터는 3개와 같은 식으로 은화를 빼서 저울에 올려놓으면 된다. 모두 진짜라면 몇 그램이 될지 알 수 있으므로 몇 그램이 더 나가는지를 보면 어느 산이 위조은화인지 판정할 수 있다. 예를 들어 4그램 더 무겁다면 4번째 산이 위조라는 얘기가 된다. 그 산에서 4개를 빼서 저울에 얹었기 때문이다.

p. 285 벽을 향해 선 3명의 남자

벽에서 가장 멀리 떨어져 있는 남자는 앞의 두 명이 모두 갈색 모자를 쓰고 있는지, 한 명은 검정, 다른 한 명은 갈색인지 그 상황을 보고 있을 것이다. 두 명 다 검은 색 모자를 쓰고 있다면 자신은 갈색 모자라는 것을 알 수 있을 것이다. 가운데 남자는 맨 앞의 남자가 갈색 모자를 쓰고 있는 걸 보고 있을 것이다. 만약 검정 모자라면 맨 처음 대답한 남자의 말을 듣고 자신은 갈색 모자를 쓰고 있다는 걸 알 수 있을 것이다. 따라서 맨 앞에 선 남자는 자신은 갈색 모자를 쓰고 있을 수밖에 없다는 걸 추리할 수 있다.

p. 329 거미와 파리 퍼즐

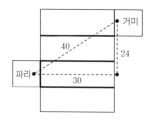

pp. 338~339 원숭이와 코코넛

답은 79개. 최초의 코코넛 수를 n이리 하면 나음 식이 성립

된다.

원숭이가 받는 개수	선원이 감춘 개수	남은 코코넛
1	$\dfrac{n-1}{3}$	$\dfrac{2n-2}{3}$
1	$\dfrac{2n-5}{3}\div 3=\dfrac{2n-5}{9}$	$\dfrac{2(2n-5)}{9}=\dfrac{(4n-10)}{9}$
1	$\dfrac{4n-19}{9}\div 3=\dfrac{4n-19}{27}$	$\dfrac{2(4n-19)}{27}=\dfrac{8n-38}{27}$

원숭이가 받는 개수	다음날, 선원들이 각각 받은 개수	남은 코코넛
1	$\dfrac{(8n-65)}{27}\div 3=\dfrac{8n-65}{81}$	0

정리해보면 n은 원래 있었던 코코넛의 총개수이다.

$\dfrac{8n-65}{81}=f$라 하면, f는 다음 날 아침 코코넛을 나눴을 때 각각의 선원이 받게 되는 개수이다. f는 자연수이므로 1에서 시작하여 순서대로 큰 수를 대입해 본다. 이 식에서 n이 정수이면서 동시에 f가 최소인 자연수는, $f=7$일 때다. 이때 n의 값은 79가 된다.

pp. 340~341 거미와 나선

거미가 움직임에 따라 네 마리가 그리는 정사각형의 크기는 작아지지만 형태는 계속 정사각형이다. 한 마리 한 마리의 거미의 궤적은 자기 오른쪽에 있는 거미의 궤적에 직교한다.

한 마리의 거미가 오른쪽에 있는 거미와 만나는데 소요되는 시간은, 오른쪽 거미가 전혀 움직이지 않았을 때와 똑같다. 즉, 거미는 모두 6미터, 즉 600센티미터를 이동하게 된다. 거미의 속도는 1초당 1센티미터이므로 소요시간은 600초＝10분이다.

참고문헌 ▬▬▬▬▬▬▬▬▬▬▬▬

　모든 참고문헌을 망라할 수는 없었다. 내 서고에 있는 모든 책의 리스트를 올려도 충분하지 않을 것이다. 25년 동안이나 써 온 것들을 모아 놓았으니 말이다. 따라서 아래의 참고 문헌들은 극히 일부임을 밝혀둔다.

Alic, Margaret, HYPATIA HERITAGE, Beacon Press, Boston, 1986

Asimov, Isaac. ASIMOV ON NUMBERS, 242, Pocket Books, New York, 1978

Bakst, Aaron. MATHEMATICS ITS MAGIC & MYSTERY, D. Van Nostrand Co., New York, 1952

Ball, W.W. Rouse and Coxeter, H.S.M. MATHEMATICAL RECREATIONS AND ESSAYS, 13th ed., Dover Publication, Inc., New York, 1973

Ball, W.W. Rouse. A SHORT ACCOUNT OF THE HISTORY OF MATHEMATICS, Dover Publications, Inc., New York, 1960

Banchoff, Thomas F. BEYOND THE THIRD DIMENSION, Scientific American Library, New York, 1990

Barnsiey, Michael. FRACTALS EVERYWHERE, Academic Press, Inv., Boston, 1988

Beckman, Petr, A History OF Π, St. Martin's Press, New York, 1971

Beiler, Albert H. RECREATIONS IN THE THEORY OF NUMBERS, Dover Publications, Inc., New York, 1964

Bell, E.T. MATHEMATICS QUEEN & SERVANT OF SCIENCE, McGraw-Hill Book co., Inc., New York 1951

Bell, R.C. BOARD AND TABLE GAMES FROM MANY CIVILIZATIONS,

Dover Publications Inc., New York 1979

Bell, R.C. OLD BOARD GAMES, Shire Publications Ltd., Bucks, U.K., 1980

Benjamin Bold. FAMOUS PROBLEMS OF GEOMETRY & HOW TO SOLVE THEM, Dover Publications, Inc., New York, 1969

Bergamini, David. MATHEMATICS, Time inc., New York, 1963

Boyer, Carl B. A HISTORY OF MATHEMATICS, Princeton University Press, Princeton, 1968

Brooke, Maxey. COIN GAMES & PUZZLE, Dover Publications, Inc., New York, 1963

Bunch, Bryan H. MATHEMATICAL FALLACIES AND PARADOX, Van Nostrand Reinhold co., New York, 1982

Campbell, Douglas and Higgins, John C. MATHEMATICS-PEOPLE, PROBLEMS, RESULTS, 3 volumes, Wadsworth International, Belmont, 1984

Chadwick, John. READING THE PAST-LINEAR B AND RELATED SCRIPTS, University of California Press, Berkeley, 1987

Clark, Frank. CONTEMPORARY MATH, Frankin Watts, Inc., New York, 1964

Cook, Theodore Andrea. THE CURVES OF LIFE, Dover Publications, Inc., New York, 1979

Davis, Phillp J. and Hersh, Reuben. THE MATHEMATICAL EXPERIENCE, Houghton Miffin, Co., Boston 1981

Delft, Pieter Van and Botermans, Jack. CREATIVE PUZZLES OF THE WORLD, Harry N. Abrams Inc., New York, 1978

Doczi, György. THE POWER OF LIMITS, Shambhala Publications, Boulder, CO, 1981

Edwards, Edwards B. PATTER AND DESIGN WITH DYNAMIC SYMMETRY, Dover Publications, Inc., New York, 1967

Ellis, Keith. NUMBER POWER, St. Martin's Press, New York, 1978

Emmet, E.R. PUZZLES FOR PLEASURE, Bell Publishing Co., New York, 1972

Engel, Peter, FOLDING THE UNIVERSE, Vintage Books, New York, 1989

Ernst, Bruno. THE MAGIC MIRROR OF M.C. ESCHER, Ballantine Books, New York, 1976

Eves, Howard W. IN MATHEMATICAL CIRCLES, two volumes, Prindle Weber & Schmidt, Inc., Boston, 1969

Filipiak, Anthony S. MATHEMATICAL PUZZLES, Bell Publishing Co., New York, 1978

Fixx, James. GAMES FOR THE SUPER INTELLIGENT, Doubleday & Co., Inc., New York, 1972

Fixx, James. MORE GAMES FOR THE SUPER INTELLIGENT, Doubleday & Co., Inc., New York, 1972

Gamow, George. ONE,TWO,THREE···INFINITY, Viking Press, New York, 1947

Gardner, Martin. PERPLEXING PUZZLES & TANTALIZING TEASERS, Dover Publications, Inc., New York, 1977

Gardner, Martin. THE UNEXPRCTED HANGING, Simon & Schuster, Inc., New York, 1969

Gardner, Martin. CODES, CIPHERS AND SECRER WRITING, Dover Publications, Inc., New York, 1972

Gardner, Martin. MATHEMATICS, MAGIC AND MYSTERY, Dover Publications, Inc., New York, 1956

Gardner, Martin. NEW MATHEMAICAL CARNIVAL, Alfred A. Knopf, New York, 1975

Gardner, Martin. MATHEMATICAL, MAGIC SHOW, Alfred A. Knopf, New York, 1977

Gardner, Martin. MATHEMATICAL CIRCUS, Alfred A. Knopf, New York, 1979

Gardner, Martin. MARTIN GARDNER' S SIXTH BOOK OF MATHEMATICAL DIVERSIONS FROM SCIENTIFIC AMERICAN, University Chicago Press, Chicago, 1983

Gardner, Martin. THE NEW AMBIDEXTROUS UNIVERS, W.H. Freeman, New York, 1990

Garder, Martin. PENROSE TILES TO TRAPDOOR CIPHERS, W.H. Freeman, New York, 1988

Gardner, Martin. KNOTTED DOUGHNYS & OTHER MATHEMATICAL ENTERTAINMENTS, W.H. Freeman & Co., Nre York, 1986

Gardner, Martin. TIME TRVEL, W.H. Freeman & Co., New York, 1987

Gardner, Martin. WHEELS, LIFE AND OTHER MATHEMATICAL AMUSEMENTS, W.H. Freeman & Co., New York, 1983

Gardner, Martin. THE INCREDIBLE DR. MATRIX, Charles Scribner' s Sons, New York, 1976

Gardner, Martin. THE 2ND SCIENTIFIC AMERICAN BOOK OF MATHEMATICAL PUZZLE & DIVERSIONS, Simon & Schuster, New York, 1961

Gardner, Martin. THE SCIENTIFIC AMERICAN BOOK OF MATHEMATICAL PUZZLE & DIVERSIONS, Simon & Schuster, New York, 1959

Ghyka, Matila. THE GEOMETRY OF ART & LIFE, Dover Publications,

Inc., New York, 1977

Gleick, James, CHAOS, Penguin Books, New York, 1987

Gleen, William H. and Johnson, Donovan A. INVITATION TO MATHEMATICS, Doubleday & Co., Inc., Garden City, 1961

Gleen, William H. and Johnson, Donovan A. EXPLORING MATHEMATICS ON YOUR OWN, Doubleday & Co., Inc., Garden City, 1949

Golos, Ellery B. FOUNDATION OF EUCLIDEAN AND NON-EUCLIDEAN GEOMETRY, Holt, Rinehart and Winston Inc., New York, 1968

Graham, L.A. INGENIOUS MATHEMATICAL PROBLEMS & METHOD, Dover Publications Inc., New York, 1959

Greenburg, Marvin Jay. EUCLIDEAN AND NON-EUCLIDEAN GEOMETRIES, W.H. Freeman & Co., New York, 1973

Grünbaum, Branko and Shephard, G.C. TILINGS AND PATTERNS, W.H. Freeman & Co., New York, 1987

Gunfeld, Frederic V. GAMES OF THE WORLD, Holt,Rinehart and Winston Onc., New York, 1975

Hambridge, Jay. THE ELEMENTS OF DYNAMIC SYMMETRY, Dover Publications, Inc., New York, 1953

Hawkins, Gerald S. MINDSTEPS TO THE COSMOS, Harper & Row, Publishersm New York, 1983

Heath, Royal Vale. METH-E-MAGIC, Dover Publications, Inc., New York, 1953

Herrick Richard, editor, THE LEWIS CARROL BOOK, Tudor Publishing Co., New York, 1944

Hoffman, Paul. ARCHIMEDES REVENGE, W.W. Norton & Co., New

York, 1988

Hoggatt, Verner E., Jr. FIBONACCI & LUCAS NUMBERS, Houghton Miffin Co., Boston, 1969

Hollingdale, Stuart, MARKERS OF MATHEMATICS, Penguin Books, London, 1989

Hunter, J.A.H. and Madachy, Joseph S. MATHEMATICAL DIVERSIONS, Dover Publications, Inc., New York, 1975

Huntley, H.E. THE DIVINE PROPORTION, Dover Publications, Inc., New York, 1970

Hyman, Anthology, CHARLES BABBAGE, Princeton University Press, Princeton, 1982

Ifrah, George. FROM ONE TO ZERO, Viking Penguin Inc., New York, 1985

Ivins, William M. ART & GEOMETRY, Dover Publications, Inc., New York, 1946

Jones, Madeline. THE MYSTRIOUS FLEXAGONS, Crown Publishers, Inc., New York, 1966

Kaplan, Phillip. POSERS, Harper & Row , New York, 1963

Kaplan, Phillip. MORE POSERS, Harper & Row , New York, 1964

Kasner, Edward and Newman, James. MATHEMATICS AND THE IMAGINATION, Simon & Schuster, New York, 1940

Kim, Scott, INVERSIONS, W.H.Freeman and Co., New York, 1981

Kline, Morris. MATHEMATICS AND THE PHYSICAL WORLD, Thomas Y, Crowell Co., New York, 1959

Kline Morris. MATHEMATICS : THE LOSS OF CERTAINTY, Oxford University Press, New York, 1980

Kine, Morris. MATHEMATICAL THOUGHT FROM ANCIENT TO

MORDERN TIMES, 3 volumes, Oxford Univesity Press, New York, 1972

Kraitchik, Maurice. MATHEMATICAL RECREATIONS, Dover Publications, Inc., New York, 1953

Lamb, Sydney, MATHEMATICAL GAMES PUZZLES & FALLACIES, Raco Publishing Co., Inc., New York, 1977

Lang, Robert. THE COMLETE BOOK OF ORIGAMI, Dover Publications, Inc., New York, 1988

Leapfrogs. CURVES, Leapfrogs, Cambridge, 1982

Linn, Charies F., editor. THE AGES OF MATHEMATICS, 4 volumes, Doubleday & Co., New York, 1977

Locker, J.L., editor. M.C. ESCHER, Harry N. Abrams, Inc., New York, 1982

Loyd, Sam. THE EIGHTH BOOK OF TAN, Dover Publications, Inc., New York, 1968

Loyd, Sam. CYCLOPEDIA OF PUZLE, The Morningside Press, New York, 1914

Luckiesh, M. VISUAL ILLUSIONS, Dover Publications, Inc., New York, 1965

Madachy, Joseph S. MADACHY'S MATHEMATICAL RECREATIONS, Dover Publications, Inc., New York, 1979

McLoughlin, Bros. THE MAGIC MIRROR, Dover Publications, Inc., New York, 1979

Menninger, K.W. MATHEMATICS IN YOUR WORLD, Viking Press, New York, 1962

Montroll, John. ORGAMI FOR THE ENTHUSIAST, Dover Publications, Inc., New York, 1979

Moran, Jim. THE WONDEROUS WORLD OF MAGIC SQUARES, Vintage Books, New York, 1982

Neugebauer, O. THE EXACT SCIENCES IN ANTIAUEITY, Dover Publications, Inc., New York, 1969

Newman, James. THE WORLD PF MATHEMATICS, 4 volumes, Simon & Schuster, New York, 1956

Oglivy, C, Stanley and Anderdin, John T. EXCURSION IN NUMBER THEORY, Dover Publications, Inc., New York, 1966

Oglivy, C, Stanley and Anderdin, John T. EXCURSION IN NUMBER THEORY, Oxford University Press, New York, 1966

Osen, Lynn M. WOEN IN MATHEMATICS, The MIT Press, Cambridge, 1984

Peat, F. David. SUPERSTRINGS AND THE SEARCH FOR THE THEORY OF EVEYTHING, Contemporary Books, Chicago, 1988

Pedoe, Dan. GEOMETRY AND THE VISUAL ARTS, Dover Publications, Inc., New York, 1976

Perl, Teri. MATH EQUALS, Addison-Wesley Publishing Co., Menlo Park, Inc., New York, 1978

Peterson, Ivars. THE MATHEMATICAL TOURIST, W.H. Freeman & Co., New York, 1988

Pickover, Clifford A. COMPUTERS, PATTERN, CHAOS, AND THE BEAUTY, St. Martin's Press, New York, 1990

Ransom, William R. FAMOUS GEOMETRIES, J. Weston Walch, Portland, 1959

Ransom, William R. CAN AND CAN'T IN GEOMETRY, J. Weston Walch, Protland, 1960

Rodgers, Hames T. STORY OF MATHEMATICS FOR YOUNG PEOPLE,

Pantheon Books, New York, 1966

Rosenberg, Nancy, HOW TO ENJOY MATHEMATICS WITH YOUR CHILD, Stein & Day, New York,1970

Rucker, Rudolf V. B. GEOMETRY, RELATIVITY, AND THE FOURTH DIMENSION, Dover Publications, Inc., New York, 1977

Sackson, Sid. A GAMUT OF GAMES, Pantheon Books, New York, 1982

Schattschneider, Doris and Walker, Wallace. M.C. ESCHER KALEIDOCUCLES, Tarquin Publicationsm Norfolk, U.K., 1978

Science Universe Series, MEASURING AND COMPUTING, Arco Publishing, Inc., New York, 1984

Sharp, Richard and Piggot, John, editors. THE BOOK OF GAMES, Galahd Books, New York City, 1977

Smith, David Eugene, HISTORY OF MATHEMATICS, 2 volumes, Dover Publications, Inc., New York, 1953

Steen, Lynn A. editor. FOR ALL PRACTICAL PURPOSE, INTRO. TO CONTEMPORARY MATHEMATICS, W.H. Freeman & Co., New York, 1988

Steen, Lynn A. ed. MATHEMATICS TODAY, Vintage Books, New York, 1980

Stevens, Peter S. PATTERNS IN NATURE, Little, Brown and Co., Boston, 1974

Stroke, Willianm T., NOTABLE NUMBERS, Strokes Publishing, Los Altos, 1986

Storme, Peter and Stryfe, Paul, HOW TO TORRURE YOUR FRIENDS, Simon & Schuster, New York, 1941

Stuil, Dirk J., A CONCISE HISTORY OF MATHEMATICS, Dover Publications, Inc., New York, 1967

Waerden, B. L. van der, SCINECE AWAKENING, Science Editions, New York, 1963

Weyl, Hermann. SYMMETRY, Princeton University Press, Princeton, 1952

하루 10분 수학 습관

펴낸날	초 판 1쇄 2008년 3월 20일
	초 판 3쇄 2011년 3월 27일
	개정판 1쇄 2016년 2월 25일
	개정판 4쇄 2021년 2월 15일

지은이	테오니 파파스
옮긴이	김소연
펴낸이	심만수
펴낸곳	(주)살림출판사
출판등록	1989년 11월 1일 제9-210호

주소	경기도 파주시 광인사길 30
전화	031-955-1350 팩스 031-624-1356
홈페이지	http://www.sallimbooks.com
이메일	book@sallimbooks.com

| ISBN | 978-89-522-3338-7 44400 |

이 도서의 국립중앙도서관 출판예정도서목록(CIP)은 서지정보유통지원시스템 홈페이지
(http://seoji.nl.go.kr)와 국가자료종합목록시스템(http://www.nl.go.kr/kolisnet)에서
이용하실 수 있습니다.(CIP제어번호: CIP2016004296)